unsere

Softgene
- wie die Evolution die Kultur prägt

April 2025

Peter-Paul Manzel

1

Tam similis est quam ovo ovum

Revidierte Auflage, April.2025
© Peter-Paul Manzel

Umschlagbild:
Das Foto (©Manzel) zeigt eine Skulptur aus dem
Museo Nacional de Antropología in Mexiko Stadt.

Imprint: Independently published ---

Inhaltsverzeichnis

Einleitende Kapitel

Seit der ersten Präsidentschaft des US-Amerikanischen Präsidenten Donald Trump drängt die Frage: wie können wir „fake" von „real" unterscheiden, immer mehr in den Vordergrund. Noch drängender wird diese Frage mit dem Auftauchen der Künstlichen Intelligenz (KI). Denn ab jetzt kann jede Form der digitalen Darstellung als Deepfake in Umlauf gebracht und als politisches Instrument eingesetzt werden.

Nun ist es wahrlich nicht einem Lügenbaron wie Trump anzulasten, dass allerorts offensichtlicher Unsinn für „wahr" gehalten wird. Versuche, dagegen anzukämpfen finden wir schon in der Bibel: „Du sollst nicht falsch Zeugnis reden wider deinen Nächsten." (5. Mose 5, 20 Lutherbibel 2017). Im Strafgesetzbuch der BRD steht auf eine Falschaussage unter Eid ein bis fünfzehn Jahre Haft.

Donald Trumps Verdienst ist es eher, uns vor Augen zu halten, wie mühselig und gleichzeitig wichtig die Suche nach verlässlichem Wissen ist und wie anfällig wir alle dafür sind, barem Unsinn Glauben zu schenken. Früher waren fast alle Menschen von der Existenz von Göttern, Teufeln und Dämonen überzeugt, wobei sich die verschiedenen Glaubenssystem meistens gegenseitig ausschlossen. In unserer heutigen, scheinbar aufgeklärten Welt glauben rund 2,4 Milliarden Christen an ihren einzigen Gott, eine Milliarde Hindus an 330 Million Götter. Und diese, für ihre Anhänger über alle Zweifel erhabenen Religionssysteme unterscheiden sich beileibe nicht nur in der Anzahl ihrer Götter.

Laut einer Umfrage sind 23 Prozent der deutschen Bevölkerung ohne Einschränkung von der Wirksamkeit Homöopathischer Arzneien überzeugt, 60 Prozent haben solche Globuli schon einmal probiert (IfD 2023). Auch wenn alle Plausibilität gegen eine Wirksamkeit dieser Mittelchen spricht und eine Wirksamkeit über den Placeboeffekt hinaus nie belegt werden konnte, behauptet sich die Homöopathie nun schon seit 1796 als „alternative" Medizin.

Trump wie auch andere Populisten fürchten und bekämpfen wissenschaftliche Erkenntnisse, denn diese sind die wirkungsvollste Brandmauer gegen ihre angestrebte willkürliche Herrschaft, die sie mit Hilfe ihre „alternativen Fakten" aufzubauen versuchen. Insbesondere die Naturwissenschaften verfügen über ein konsistentes und überaus verlässliches Theoriengebäude, das sich schwer verleugnen lässt und überdies die Grundlage unserer technischen Zivilisation ist. Fatal ist es daher, wenn sich das, was allgemein als Wissenschaft angesehen wird, sich als zerstritten präsentiert, sich geisteswissenschaftliche Disziplinen als Kritiker der von den Populisten bekämpften Naturwissenschaften verstehen, statt auf deren Erkenntnisse aufzubauen. (Geisteswissenschaften werden hier und im Folgenden von mir ganz allgemein als Zusammenfassung der Nicht-Naturwissenschaften mit Ausnahme der Mathematik angesprochen.) Die Ausdifferenzierung wissenschaftlicher Disziplinen, die spätestens am Ende des 19. Jahrhunderts durch Wilhelm Dilthey geschärft und popularisiert wurde (Klein & Rietschel 2007), brachte als positiven Aspekt eine fortschreitende Vertiefung im Sinne einer Spezialisierung mit sich, aber zugleich auch den Verlust des Bewusstseins für den Zusammenhang der Fächer untereinander. Das Wissen um das Ganze und das Verstehen des Ganzen - also unsere Natur und unsere Kultur in Einem - kann aber nur als das Resultat der Summe aller Teile erworben werden und nur das kann uns als Grundlage eines vernunftbasierten Weltzugangs dienen. Die Naturwissenschaften basieren auf der Mathematik und die in dieser Sprache formulierten physikalischen Gesetze. Sie reichen bis in die Biologie hinein und es steht unter den Wissenschaftlern heute außer Frage, dass sich auch dort, in der Domäne des Lebendigen, dieselben physikalischen Gesetzte manifestieren. Im Gegensatz dazu scheint die menschliche Kultur – also das weiträumige Forschungsgelände der Geisteswissenschaften - scheinbar keinem Regelwerk zu unterliegen. Also, so die Folgerung, entziehen sich menschliche Entscheidungen in einem Kulturraum jeder naturwissenschaftlichen Vorhersage. Aber stimmt das wirklich? Darwin meldete erste Zweifel an, indem er den Menschen in eine Entwicklungsreihe mit Ahnen aus dem Tierreich stellte. Der Mensch sei ausgestattet mit ähnlichen Genen, Organen und Gehirnen, wie sie mindestens bei unseren nächsten Verwandten, den Menschenaffen zu finden sind. Wissenschaftliche Erkenntnisse aus der Ethologie, der Psychologie und der Hirnforschung belegen, dass der Mensch auch geistig gesehen kein Alien auf dieser Welt ist. Aus Sicht der Biologie hat sich unser Geist zusammen mit dem Körper in einem evolutionären Prozess entwickelt. Der Entwicklungsprozess lässt sich bis zu den Anfängen des Lebens zurückverfolgen. Es ist daher naheliegend, die menschlichen Entscheidungen zumindest nicht gänzlich losgelöst von der Natur zu betrachten. Vielmehr wird es mit dem Anwachsen unserer wissenschaftlichen Erkenntnisse über den Menschen immer deutlicher, dass auch dem menschlichen Handeln biologische, und damit naturwissenschaftliche Gesetzmäßigkeiten zugrunde liegen.

Wenn wir die Fortschritte der Sozialwissenschaften mit z.B. denen der Medizin vergleichen, sehen wir einen überaus dynamischen Zuwachs in den Heilkünsten und einen eher mäßige Fortschritte in den Sozialwissenschaften. Edward Wilson führt das auf den Grad der Vernetzung zurück: während wir in der

Heilforschung eine globale Wissensgemeinde mit regem Austausch finden, in der sich Virologen, Epidemiologen, Neurobiologen oder Molekulargenetiker bestens verständigen können, und zu deren Grundverständnis die Chemie genauso gehört, wie die Biologie, ist der Vernetzungsgrad in den Humanwissenschaften eher gering und zum Teil von bitteren ideologischen Streitigkeiten überschattet. Selbst untereinander sind *Anthropologen, Ökonomen, Soziologen und Politwissenschaftler [...] in aller Regel nicht imstande, einander zu verstehen oder gar zu ermutigen.* (Wilson 2000, S. 244). Und des Öfteren grenzen sich diese Kulturwissenschaften explizit von den Naturwissenschaften ab.

Als die besondere Errungenschaft, die den Menschen vom Tier unterscheidet, galt lange die Kultur. Wenn aber immer deutlicher wird, dass der Mensch weniger ein geistiges, metaphysisches Wesen, als vielmehr ein natürliches Lebewesen ist, werden auch die Geisteswissenschaftler zwangsläufig immer mehr zu Naturforschern. Anders herum, gibt es in der Verhaltensforschung einen eindeutigen Trend dahin, auch Tieren eine eigene Kultur zuzugestehen – Biologen werden zu Kulturforschern. Gensteuerung allein kann das Verhaltensrepertoire zumindest bei höher entwickeltem Tieren nicht ausreichend erklären. Zu den Genen treten Kulturbausteine: So ist der Werkzeuggebrauch, lange ein Kriterium, um den Menschen vom Tier zu unterscheiden, mittlerweile bei vielen Tierarten nachgewiesen. Nicht alle dieser Kulturleistungen werden über die Gene an die nächste Generation weitergegeben, vielmehr werden sie von Mitgliedern der eigenen Art über Lernvorgänge innerhalb der eigenen Generation tradiert. Kulturbausteine als biologisches Phänomen zu begreifen, die sich wie die Gene in einer Gemeinschaft vererben, wurde in den 70er Jahren schon einmal von Richard Dawkins zur Diskussion gestellt. Gemeint waren bei Dawkins mit dem Begriff „Meme" ganz allgemein die verschiedensten Bausteine unserer Kultur: Rechnen, Schreiben, Lesen, Melodien, Kleidermoden, die Art, Töpfe zu machen oder Bögen zu bauen, oder wie man einen Geschirrspülautomaten herstellt oder bedient. Es geht bei Memen weniger um die Inkarnation eines Geschirrspülautomaten, als um das im Gehirn von Menschen gespeicherte Wissen darüber, wie man solch ein Artefakt herstellt.

Der Versuch Dawkins, eine tragfähige Mem-Theorie zu etablieren, scheiterte tragischer Weise, vor allem wegen des damaligen Mangels an wissenschaftlicher Erkenntnisse. Übrig blieb der Begriff „Mem" für eine sich „viral" im WWW verbreitenden Nachricht. Wir werden entdecken, dass Gene und, wie ich sie in Abgrenzung zu Dawkins nennen werde „Softgene", eng zusammenarbeiten und dass das eine ohne das andere nicht vorstellbar ist. Ein neuer Versuch, Erbbausteine (Gene) und Kulturbausteine (Meme) als zusammengehöriges Vermächtnis von Organismen zu begreifen, lohnt sich, um den Zusammenhang aller wissenschaftlichen Disziplinen wiederzugewinnen, der spätestens seit dem Ende des 19. Jahrhunderts verloren ging. Eine solche Theorie würde die Kulturwissenschaften anschlussfähig machen an die Naturwissenschaften und – sie führt uns zu überraschenden neuen Erkenntnissen über das Verhalten von Menschen.

Es geht also in diesem Buch darum, die Naturwissenschaften und die Geisteswissenschaften miteinander zu versöhnen, da diese sich oft eher desinteressiert, gelegentlich sogar gegenseitig geringschätzend gegenüber stehen. Diese Befriedung wird immer drängender, nicht nur, weil wir sonst die Deutungshoheit darüber verlieren, was Fakten und was „alternative Fakten" sind, und wie wir „Fake" von „real" unterscheiden können. Und nur über das Bewusstseins für den Zusammenhang aller wissenschaftlichen Fächer untereinander werden wir die komplexen Probleme, die die Menschheit zur Zeit plagen – allen voran den Klimawandel – lösen können.

Logik-Exkurs

Es ist die wohl erstaunlichste Tatsache dieser Welt, dass wir ihre Gesetzmäßigkeiten verstehen können. Und die Entstehung, der Aufbau und die Funktionsweise des Universums lässt sich nicht nur verstehen, sondern sogar berechnen. Die Mathematik, die uns diese Berechnungen erlaubt, hat die Menschheit in einzelnen Schritten vom einfachsten Kalkül bis zu den kompliziertesten mathematischen Sätzen entwickelt. Dabei baut die gesamte Mathematik, ausgehend von ein paar wenigen Grundannahmen in einer ununterbrochenen Folge aufeinander auf. Jeder Schritt hin zu höherer Komplexität folgt genau festgelegten Regeln, der formalen Logik. Bei solchen lückenlosen Beweisketten gibt es nun ein grundlegendes Problem, das als Ur-Mantra der formalen Logik gelten kann: „Aus einer falschen Voraussetzung kann man immer etwas als richtig Angesehenes ableiten."

Wir kennen solche Probleme aus den Naturwissenschaften: Nehmen wir an, dass die Erde und damit auch der Mensch im Universum eine zentrale Position einnehmen, was ja dem unmittelbaren Augenschein entspricht und von der Bibel nahe gelegt wird. Dann beschreibt ein geozentrischen System den Lauf der Gestirne recht gut, das von innen nach außen konzentrisch angeordnete rotierende Sphären annimmt, die man als durchsichtige Hohlkugeln auffasste. Auch die Alchemie bleibt mit ihrer Suche, Gold herzustellen, solange folgerichtig, solange man noch nichts von dem Aufbau der Materie aus verschiedenen chemischen Elementen weiß. Gold aus anderen Elementen herzustellen, verlangt Energien, die nur in Sternenexplosionen (Supernovae) vorkommen.

Im täglichen Leben tauchen diese falschen Voraussetzungen ständig auf, zum Teil mit drastischen Folgen: Wenn wir davon ausgehen, dass es Hexen gibt, können wir auch annehmen, dass sie in der Lage sind, üble Dinge zu tun, ohne dass wir verstehen, wie genau sie das machen. Dann könnte man Hexen z.B. für den Tod eines Kindes im Dorf verantwortlich machen, von dem die Dorfbewohner nicht wissen, warum es gestorben ist. Leider sind solche Ansichten über Hexen auch heute noch in einigen Teilen der Welt verbreitet. Und wenn man annimmt, wie es in der frühen Neuzeit im Christentum Glaube war, dass die Seele eines Menschen nur durch seinen Feuertod gereinigt werden könne, dann ist es ein logischer Schluss, Hexen zu verbrennen.

Oder nehmen wir an, der moderne Hexer Bill Gates plane, die Angst vor einer COVID-19-Infektion dazu zu benutzen, die Bevölkerung zu einer Impfung gegen das SARS-CoV-2-Virus zu bewegen. Die geldgierigen Geschäftsleute rund um den Microsoft-Gründer würden dabei auch gleich einen winzigen Mikrochip in den Körper injizieren, um die „totale Kontrolle" über die Menschen zu erhalten. Gates könnte dann seinen lange vorbereiteten Plan zur Entvölkerung der Welt umsetzen. Unter solchen Voraussetzungen, wie sie in einer absurden Verschwörungstheorie während der SARS-CoV-Pandemie verbreitet wurden, wäre es nur logisch, sich mit Händen und Füßen gegen eine Impfung zu wehren. Drittes Beispiel: Wenn wir annehmen, dass der Klimawandel ein Mythos von gekauften Wissenschaftlern ist, dann ist es nur logisch, gegen eine Politik zu Felde zu ziehen, die die globale Erwärmung eindämmen will.

Es kommt also nicht unbedingt auf die Qualität der logischen Schlussfolgerungen an – die Logik verknüpft lediglich Aussagen miteinander – sondern zunächst und immer auf unsere Grundannahmen, von denen wir ausgehen. Oder mit David Hume (1748; bzw. auf Deutsch 1869) gesprochen:

„Man sollte billig erwarten, dass in Fragen, welche seit dem Bestehen der Wissenschaften und Philosophie mit Eifer erwogen und verhandelt worden sind, wenigstens über den Sinn der Worte unter den Streitenden Übereinstimmung herrscht, und dass die Anstrengungen von zweitausend Jahren wenigstens ermöglicht hätten, von den Worten zu dem wirklichen und wahren Streitgegenstand überzugehen. Es scheint ja so leicht, genaue Definitionen der in der Untersuchung gebrauchten Ausdrücke zu geben und diese Definitionen, und nicht den leeren Schall der Worte, zum Gegenstand der Untersuchung und Prüfung zu machen. Tritt man indes der Sache näher, so ergibt sich das Entgegengesetzte. Ist eine Streitfrage schon lange verhandelt und noch heute unentschieden, so kann man sicher annehmen, dass irgend eine Zweideutigkeit im Ausdrucke besteht, und dass die Kämpfer den in ihrem Streite gebrauchten Worten einen verschiedenen Sinn unterlegen; denn die Seelenkräfte gelten von Natur bei Allen als gleich, sonst wäre alles Begründen und Streiten vergeblich."

Die Naturwissenschaften sind untereinander verknüpft, von der Physik über die Chemie bis hin zur Hirnforschung, und stehen dabei auf dem sicheren Fundament physikalischer Gesetze als deren ersten Definitionen und Annahmen. Dasselbe Fundament müssen wir auch für die Geisteswissenschaften fordern. Auch diese Wissenschaften können nicht irgendwo bei einem metaphysischen menschlichen Geist ansetzen, sondern sie müssen sich idealer Weise auf die Erkenntnisse der Naturwissenschaften zurückführen lassen.

Ein Chinesisches Sprichwort lautet: „Der erste Schritt zur Weisheit ist, die Dinge beim richtigen Namen zu nennen", d.h. ihre grundlegenden Bedeutungen zu klären. Daher führt uns der Pfad zur Weisheit zunächst nicht nach vorn, sondern ganz zurück zu den Wurzeln unseres Denkens und noch tiefer hinab in die Anfänge des Lebens – und wenn wir schon dabei sind, noch tiefer hinab bis zum Anfang von Allem.

Wir wissen heute, dass sich das Leben auf der Erde in ähnlicher Weise konstituiert hat wie die Mathematik. Diese fußt auf immer wieder geprüften ersten einfachen Annahmen, ihren Axiomen. Von dort führen aufeinander aufbauende logische Schritte in immer kompliziertere mathematische Gefilde. Die Entwicklung des Lebens führt ebenso auf der Grundlage einfacher Bausteine und einiger weniger Regeln zu immer komplexeren Organismen. Dabei folgt jeder Schritt hin zu höherer Komplexität einer immanenten chemoelektrischen Logik. Und weil das so ist, können wir diese Entwicklung zurückverfolgen bis hin zu den Grundbausteinen der Materie. Daher muss sich jede gute wissenschaftliche Theorie bis auf diese allerersten Grundlagen zurückverfolgen lassen.

Vorbemerkungen zur guten Theoriebildung

Heute bezweifeln nur noch wenige Wissenschaftler, dass der menschliche Körper von der Evolution geprägt wurde, sowohl sein Äußeres als auch die inneren Organe und natürlich auch sein Gehirn. Ein guter Ausgangspunkt für eine Theorie, die die Natur und die Kultur des Menschen vereint, ist damit die Evolutionstheorie. Die Brücke, die wir zwischen unserer Natur und unserer Kultur finden werden, besteht aus dem Elementarsten, was das Universum bietet: „Information". Gene sind Informationsträger. Der Ort, wo Kultur entsteht und ausgeformt wird, ist das menschliche Gehirn, ein Organ, das Informationen verarbeitet und speichert. Die Hirnforscher nennen das menschliche Gehirn ein „neuronales Netz", ein Begriff, den wir in der Informatik wiederfinden: die Künstlichen Intelligenzen (KI's) setzen in Analogie zum menschlichen Gehirn ebenfalls auf Neuronalen Netzen auf.

Die Informatik lehrt uns, dass Hardware und Software eine Einheit bilden. Wir können heute annehmen, dass unser Denken das Produkt einer speziellen Art von Software ist, die auf einer evolutionär konstruierten „Hardware", dem Gehirn, aufsetzt. Diese „Software", die unsere Gedankenwelt hervorbringt, ist an das menschliche Gehirn angepasst. Und es ist der Ort, wo genetische Veranlagung und kulturelle Einflüsse aufeinander treffen. Diese Analogie wird noch überzeugender, wenn wir bedenken, was eine KI, also ein künstliches neuronales Netz, heute schon zu leisten im Stande ist.

Ockhams Rasiermesser

Die Forderung, dass alle Wissenschaft auf denselben Grundannahmen aufbauen sollte, folgt dem Prinzip der Sparsamkeit (lex parsimoniae). Dieses Prinzip, auch Ockhams Rasiermesser (Occam's Razor) genannt, ist eine fundamentale Richtschnur, um sich die Welt rational zu erschließen. Es stammt ursprünglich aus der Scholastik, also aus der Denkweise und der Methodik der Beweisführung der mittelalterlichen Gelehrtenwelt. Das lex parsimoniae verlangt von Hypothesen und Theorien eine höchstmögliche Einfachheit. Es besagt, dass wir von verschiedenen möglichen Erklärungen für denselben Sachverhalt der einfachsten Theorie den Vorzug geben sollten. Oder, wie es dem Botaniker und Mediziner Herman Boerhaave zugeschrieben wird: „Simplex sigillum veri" (Das Einfache ist das Siegel des Wahren). Mit der Forderung der Einfachheit geht außerdem die Forderung der Schnittmengenfreiheit einher: es darf auf Dauer keine zwei konkurrierenden Theorien für denselben Untersuchungsgegenstand geben.

Das Parsimonie-Prinzip ist universell: Tiere, die mühseligere Wege der Futtersuche als nötig zurücklegen, haben einen deutlichen evolutionären Nachteil. Von zwei möglichen Wegen von A nach B bevorzugen Lichtwellen wie Menschen i.d.R. den kürzeren Weg. Wirtschaftsunternehmen optimieren ihre Herstellungsprozesse nach dem geringstmöglichen technischen Aufwand (bei gleicher Qualität der Erzeugnisse) – immer ist die höchstmögliche Einfachheit (für dasselbe Ergebnis) gefragt.

Ein gegenteiliges Beispiel: Die Kindheitssoziologie nimmt an, die Kindheit sei stets konstruiert und veränderlich (Oertli 2020). Für den Soziobiologen E.O. Wilson ist sie dagegen vorhersehbar und genetisch voreingestellt. Aus diesem Widerspruch zwischen den Gelehrten folgt z.B. der Kulturkampf über das genderneutrale Spielzeug: Neigen Jungs wirklich eher zu technischem und heroischem Spielzeug: Autos, Flugzeugen, Superhelden und Piratenschiffen? Und haben Mädchen von sich aus eine Vorliebe für Barbie-Puppen und plüschige Spielzeug-Wohnzimmern? Oder ist alles nur vorgelebtes Geschlechterklischee? Wer Kinder hat, wird diese Frage i.d.R. anders beantworten als Genderaktivist*Innen ohne Erziehungserfahrung. Wir sehen hier zwei konkurrierende Theorien zum selben Sachverhalt, die sich gegenseitig ausschließen: ist die Kindheit stets konstruiert, oder folgt sie biologischen Vorgaben? Die Kindheitssoziologen berufen sich auf geisteswissenschaftliche Annahmen, die Soziobiologen auf (naturwissenschaftliche) Beobachtungen. Beides kann nicht gleichzeitig richtig sein, es würde das Parsimonieprinzip verletzen.

Wenn wir den Menschen nicht als von Gott erschaffen, sondern als biologisches, in die übrige Lebenswelt eingebundenes Wesen ansehen, können wir den Menschen nicht am (fiktiven) Grenzübergang zum kulturschaffenden Wesens als etwas gänzlich Neues definieren. Vielmehr fordert die lex parsimoniae eine übergreifende Theorie von den Natur- zu den Kulturwissenschaften.

Einen frühen Ansatz in diese Richtung lieferte, wie schon erwähnt, Richard Dawkins in seinem 1976 erschienenen Werk: „The Selfish Gen" (deutscher Buchtitel: „Das egoistische Gen"), als er den Begriff des „Meme´s" einführte. Der Begriff trat dann einen recht merkwürdigen Siegeszug an: er ist heute Allgemeingut in den sozialen Netzen, hat dabei aber eine andere Bedeutung angenommen, als Dawkins vorschlug. Der Begriff „Mem" klingt nach „Gen" und folgte in der Theorienbildung auch sonst der Logik des Sparsamkeitsprinzips. Nach Dawkins verhalten sich Gene und Meme ähnlich, insbesondere unterliegen sie in ähnlicher Weise der evolutionären Ausformung und ihr einziges Bestreben sei es, egoistisch ihre Verbreitung zu forcieren.

Emergenz

Kurt Gödel bewies in einem die Mathematik in ihren Grundfesten erschütternden Aufsatz von 1931, dass formallogische Systeme hinreichender Komplexität prinzipiell unvollständig sind. Unvollständig heißt in diesem Zusammenhang, dass wir in so einem formallogische Systeme Behauptungen formulieren können, die wir anschließend weder beweisen noch widerlegen können. Sie sind nicht deduktierbar. Diesen Beweis kann man als den mathematischen Hintergrund für die Emergenz interpretieren.

Der von Philosophen geprägte Begriff „Emergenz" sagt aus, dass aus niederen Seinsstufen höhere entstehen können, die sich durch neue Qualitäten auszeichnen.

Wie auch die lex parsimoniae ist Emergenz ein universelles Prinzip.

Schon Aristoteles ist sich darüber im Klaren gewesen, dass das „Ganze" mehr ist als die Summe seiner Einzelteile. Moleküle in einer ganz bestimmten Anordnung können plötzlich im Verbund geplante Flugbewegungen ausführen – zum Beispiel als Kranich nach Süden in ein Winterquartier fliegen. Die Bauteile eines beliebigen technischen Gerätes sagen noch nichts über die Fähigkeit des Zusammengebauten aus. Zusammengesetzt sind sie vielleicht ein Toaster, eine Waschmaschine, ein Atomkraftwerk mit vorher nie dagewesenen Begabungen: einen leckeren Toast zu rösten, Wäsche zu waschen, Strom zu liefern. Wenn alle Einzelteile eines Autos zusammenarbeiten, entsteht eine neue Fähigkeit, es kann fahren. Die Einzelteile, nebeneinander gelegt, werden sich kaum von selbst bewegen.

Letztlich beruht unser gesamtes Denken auf dem Versuch, die Zukunft vorherzusehen und unsere Handlungsoptionen danach auszurichten. Diese Versuche sind prinzipiell begrenzt. Denn, wie ausgeführt, gab und gibt es stets Entwicklungen, die etwas nie Dagewesenes, Neues schufen und schaffen. Irdisches Leben, geformt aus unbelebten Molekülen ist eine dieser geheimnisvollen emergenten Erscheinungen. Wir werden sehen, dass dieser Übergang einfach zu verstehen und womöglich auch zwangsläufig erfolgte, aber seine Konsequenzen – z.B. die Entwicklung von Dinosauriern in keiner Weise vorhersehbar waren. Eine weitere emergente Erscheinung ist der aus der Komplexität neuronaler Verknüpfungen des Gehirns entstandene menschliche Geist bzw. das menschliche Bewusstsein.

In der Natur als auch in der Kultur entstehen durch Kompositionalität immer neue, nicht vorhersagbare Dinge und nie zuvor dagewesenen Fähigkeiten. Die Kompositionalität ist eine entscheidende Eigenschaft der Evolution. Mehr noch: Die evolutionäre Kompositionalität wuchs mit der Zeit, evolutionäre Neuerungen eröffneten ihrerseits völlig neue Möglichkeiten.

Im Umkehrschluss folgt aus der Emergenz, dass die Entwicklung des Lebens nur retrospektiv zu verstehen ist, nicht aber prospektiv: Wir können die einzelnen Schritte (retrospektiv) nachvollziehen, die zur Entwicklung z.B. des Fassettenauges von Drosophila melanogaster geführt haben. Wir können aber nicht (prospektiv) vorhersagen, wohin sich diese kleine Schwarzbäuchige Fruchtfliege in einer weiteren Million Jahre entwickelt haben wird, denn sie kann dann neue, nie dagewesene Fähigkeiten entwickelt haben. Und diese Unvorhersehbarkeit gilt auch für die menschliche Kultur. Oder, wie Sir Karl Popper es ausdrückte: *Die Zukunft wird zuvörderst von technischem Wandel geprägt – aber das Wesen künftiger Entdeckungen besteht nun einmal darin, heute nicht bekannt zu sein.* (Springer 2020). Und nicht zuletzt stellt sich zur Zeit die Frage, welche neuen Fähigkeiten KI's in unsere Welt bringen werden – sicher ist nur, wir wissen es noch nicht!

Emulation

Eine letzte Vorbemerkung betrifft die Austauschbarkeit von Hard- und Software. Diese Erkenntnis aus der Informatik benötigen wir, um zu verstehen, dass es auch in der Biologie für dasselbe Problem eine fest verdrahtete (z.B. in den Genen angelegte) und/oder eine erlernte Lösung geben kann. Betrachten wir als Beispiel ein einfaches mechanisches Rechengerät, einen Abakus. Er besteht aus einem Holzrahmen. In dem Rahmen sind übereinander zehn waagerechte Stäbe angebracht. Auf jeder Stange sind 10 Holzperlen aufgezogen. Mit einem Abakus kann man durch das Verschieben dieser Kugeln addieren und subtrahieren.

Heute können Sie auf Ihrem Computer ein Programm aufrufen, (edumedia-sciences.com), dass Ihnen eine interaktive Grafik bietet, die einen Abakus darstellt. Auf dieser Grafik können Sie mit der Maus Kugeln verschieben, wie auf einem materiellen Abakus und auch so rechnen. Es werden nicht nur die Funktionen eines Abakus als Software nachgestellt, sondern auch der Abakus selbst. Das wichtigste aber ist: Dieselben Operationen, „Addieren" oder „Subtrahieren", lassen sich sowohl mechanisch als auch elektronisch lösen, für dasselbe Problem gibt es eine Hardware- und eine Software-Lösung.

Auf die Biologie übertragen finden wir den digitalen Code der DNA, der Informationen in vier Nukleotiden codiert: Guanin (G), Thymin (T), Adenin (A) und Cytosin (C). In Zellen wird der DNA-Code dann zunächst in einen RNS-Code übertragen und dann in Proteine übersetzt. *Das heißt, sie verwandeln genetische Informationen in einen physikalischen Vorgang.* (Nurse 2021, S. 113). Dann können z.B. Protein-Hormone ein Verhalten auslösen oder steuern. Diese Verhaltenssteuerung kann entweder direkt durch die Gene ausgelöst werden, ist also entweder nur von der „Hardware" abhängig, oder sie wird durch Verarbeitungsprozesse in einem Gehirn ausgelöst. Im letzteren Fall wird das Verhalten durch eine Art „Software" gesteuert.

Die Verhaltenssteuerung bei höheren Tieren und uns Menschen ist eine Mischform aus genetischen Faktoren und neuronalen Prozessen, ein Zusammenspiel von Hardware und Software, ähnlich wie in einem Computer. Denken ist ein elektrochemischer Prozess des Gehirns, der Muskeln in Bewegung versetzen kann. Die Intensität unserer Gefühle, und damit der Antrieb, wie stark wir etwas vermeiden oder erreichen wollen, hängt dabei von der Menge der ausgeschütteten Neurotransmitter ab, also z.B. von Hormonen.

In Bezug auf die hier vorgestellte „Theorie der Softgene" ist eine weitere Beobachtung von Bedeutung – der sogenannte „Baldwin-Effekt". Er bezeichnet einen evolutionären Mechanismus, bei dem ein durch Lernen erworbenes Merkmal durch natürliche Selektion innerhalb mehrerer Generationen durch ein vererbtes, also genetisch bestimmtes Merkmal ersetzt wird (wikipedia 12). Das bedeutet, dass es die Möglichkeit gibt, dass sich eine bestimmte Software (ein erlerntes oder sonst wie erworbenes Verhalten, also ein Mem) in eine Hardware (genetische Steuerung, also in ein Gen) übersetzen lässt.

Kultur als Anpassung der Umwelt

Um so etwas wie eine „Mem-Theorie", also die Entwicklung der kulturellen Bausteine über den Evolution-Algorithmus zu entwickeln, müssen wir uns zunächst mit dem Begriff Kultur auseinandersetzen.

„Kultur" ist ein Begriff, von dem wir alle intuitiv glauben zu wissen, was er bedeutet. Kultur bezieht sich im Allgemeinen auf die Übertragung von Wissen, Fähigkeiten, Überzeugungen und Verhaltensweisen innerhalb einer Gesellschaft durch Lernen und Sozialisation. Die Übertragung von Kulturbausteinen ermöglicht es Individuen, neue Fähigkeiten und Technologien zu erlernen.

Der Begriff Kultur leitet sich ursprünglich aus dem Lateinischen ab. Dort bedeutet „cultura": „Bebauung, Bearbeitung, Bestellung, Pflege". Cultura wiederum ist eine Ableitung von „colere": „bebauen, pflegen, urbar machen, ausbilden". In den Kulturwissenschaften wird der Begriff „Kultur" fast flächendeckend dem Menschen und nur dem Menschen zugeordnet und in einen Gegensatz zur Natur gesetzt. Wie bei allen Abgrenzungen, die nicht gut funktionieren, führen die Versuche der Abgrenzungen immer wieder zu anderen Ergebnissen, nie aber zu einem Eindeutigen: *Zum einen verstehen unterschiedliche Disziplinen (z.B. die Anthropologie, Ethnologie, Geschichtswissenschaft, Psychologie, Soziologie, Religions- oder Erziehungswissenschaft) jeweils etwas anderes unter dem Begriff „Kultur". Zum anderen unterscheidet sich das Verständnis von „Kultur" sowohl innerhalb einzelner Disziplinen und der Kulturwissenschaften als auch in unterschiedlichen Gesellschaften und sozialen Gruppen.* (Nünning 2009). Kultur ist dann beispielsweise das, was der Mensch *von sich aus verändert und hervorbringt, während der Begriff Natur*

dasjenige umfasst, was von selbst ist, wie es ist.
(wikipedia 01).

Wenn sich die menschliche Kultur in keiner Weise im Tierreich vorfände, würde ein Versuch, eine übergreifende Theorie von der Natur zur Kultur hin zu formulieren, von vornherein aussichtslos sein. Aber neuere Forschungen belegen, dass wir vielfältige kulturelle Bausteine (Softgene) schon bei einer großen Anzahl von Tierspezies finden. Dies führt uns zu einem ersten Postulat:

„Softgene sind die Fortführung und die Ergänzung der Gene mit anderen Mitteln."

Die Evolution bevorzugt über die Selektion eine möglichst gute Anpassung an die Umwelt. Aber, es gibt auch den umgekehrten Weg – Lebewesen gestalten sich ihre Umwelt nach den eigenen Bedürfnissen um. Wonach sich die Anpassung an die Umwelt zunächst zu richten hat, geben die physikalischen Gesetze vor. Organismen haben seit Anbeginn ihrer Existenz die Gegebenheiten einer „realen" Umwelt ergründet, fitnessrelevante Informationen über die Welt zusammengetragen und sie an die nachfolgenden Generationen weitergegeben. Die physikalischen Gesetze der Umwelt werden von Lebewesen bereits dort reflektiert, wo ein Fisch stromlinienförmig gestaltet ist, um mit minimalsten Reibungsverlusten durch das Wasser zu schwimmen, oder wo die Knochen eines Vogels so leicht und gleichzeitig stabil gebaut sind, dass er sich in die Luft schwingen kann. Ganz verschiedene Tierstämme bzw. -klassen wie Fische, Säugetiere oder Vögel haben in ihrer Entwicklung zu Haien, Delphinen oder Pinguinen die Gesetze der Hydrodynamik „erforscht" und diese Erkenntnisse in den Bau eines stromlinienförmigen Körpers einfließen lassen. Und genauso haben Pterodaktylus, Libelle, Albatros und Fledermaus lange vor Otto Lilienthal die

Gesetze der Aerodynamik „analysiert" und in einen funktionsfähigen Flugkörper umgesetzt. Die Wahrnehmung von Licht ist nahezu unverzichtbar für die meisten höheren Lebewesen. Und so haben unterschiedlichste Spezies mindestens 50 verschiedene Augentypen hervorgebracht: von den in der Haut eingelagerten Lichtsinneszellen des Regenwurms zur Hell-Dunkel-Wahrnehmung bis hin zu den sprichwörtlichen Adleraugen. Letztere ermöglichen es diesen Greifvögeln, aufgrund ihrer fünf verschiedenen Farbsehzellen, ihres außerordentlich hohem Auflösevermögens und der – im Vergleich zum Menschen – deutlich schnelleren Bildwiederholungsrate, selbst aus mehreren Kilometern Höhe noch ihre kleinen Beutetiere zu erspähen.

Die Anpassung an die Umwelt bedeutet physikalische Zusammenhänge zu verstehen und Ingenieurskunst. Wie kompetent das in der Natur gespeicherte Wissen über die Physik ist, sehen wir daran, dass Ingenieure im Fachgebiet Bionik versuchen, die Lösungen für bestimmte technische Probleme in der Tier- und Pflanzenwelt zu finden. So werden z.B. die Verdickungen von Verästelungen bei Bäumen erforscht, um dieses Wissen in der Architektur einzusetzen.

Angepasstes Verhalten

Bei der Anpassung an die Umwelt ging es nie nur um den Körperbau, sondern auch um die Handlungssteuerung. Denn Organismen benötigen nicht nur einen an die Umwelt angepassten Körperbau, sondern auch ein an die Umwelt angepasstes Verhalten. Flügel nutzen wenig, wenn man beim Fliegen immer überall vorknallt. Und wie schwierig es ist, eine neuronale Steuerung für das zweibeinige Gehen zu erwerben, zeigen uns Kleinkinder bei ihren Versuchen, Laufen zu lernen. Vor einem ähnlich komplexen

Problem stehen Ingenieure, wenn sie die Steuerung für Roboter programmieren, die sich auf zwei Beinen fortbewegen sollen.

Wenn es z.B. um das Essen oder die Aufzucht des Nachwuchses geht, lenkt die Umwelt das Verhalten ihrer tierischen Bewohner in ähnlicher Weise, wie wir es auch bei uns Menschen beobachten können. Eine Studie um den Ökonom Toman Barsbai, (2021), konnte in 14 von 15 untersuchten Lebensbereichen Übereinstimmungen entdeckten, so z.B. in der Größe der zusammenlebenden Gruppen, der Zahl der Geschlechtspartner und im sozialen Gefüge. *Lebten die Jäger und Sammler einer Region in sozialen Hierarchien, traf das auch vermehrt auf die Tiere zu. Bekamen die Menschen früh Kinder, tendierten die benachbarten Tiere ebenfalls dazu. Und zogen die Eltern den Nachwuchs gemeinsam groß, war es bei den Tieren häufig ähnlich.* (Gelitz 2021 (2)).

Der neuronale Erkenntnisapparat von Tier und Mensch ist aus der Notwendigkeit heraus selektiert worden, überlebenswichtige Informationen über die Umwelt zu sammeln, zu interpretieren und in Handlungen umzusetzen.

Grundlage für Verhalten sind Informationen und Informationsverarbeitung. Dafür hat die Evolution alle höheren Organismen mit Sinnesorganen und Reizleitungen ausgestattet. Die eingehenden relevanten Umweltreize werden von einem hocheffizienten neuronalen Netz ausgewertet und zusammen mit den genetischen Informationen in Verhalten umgesetzt. Artspezifische Verhaltensmuster treten bei allen höheren Lebewesen auf. Sie sind vielfach genetisch bedingt und haben sich über viele Generationen hinweg bewährt. Schon Insekten mit ihren kleinen neuronalen Netzen, wie z.B. Wespen, bringen Erstaunliches zuwege: Sie beherrschen, kaum aus der Wabe geschlüpft, perfekt die Kunst der Papierherstellung und die Anfertigung der arttypischen Wabennester.

Schwalben der Art „Petrochelidon pyrrhonota", *die in Südafrika leben, konstruieren aus nasser Erde Kugelnester mit einem kleinen, runden Einflugloch. Keine der dazu erforderlichen, teils nicht einfachen Verhaltensmuster erlernen die Vögel.* (Heinrich & Bugnyar 2007, S. 27).

Zusätzlich zum angeborenen kommt, zumindest bei höher entwickelten Arten, erlerntes Verhalten: In längeren, nur sehr gelegentlich auftretenden Trockenzeiten müssen Elefantenhorden die letzten verbliebenen Wasserlöcher finden. Dann führen alte Elefantenkühe, die sich noch daran erinnern können, wo solche Wasserstellen zu finden sind, die Gruppe an. Dieses Kenntnisse werden von Generation zu Generation weitergegeben.

Je komplexer die Herausforderungen der Umwelt für ein Lebewesen sind, desto weniger hilft starres ererbtes Verhalten. Selbst ein so einfaches Lebewesen, wie die kleine Schwarzbäuchige Fruchtfliege, ein Lieblingstier der Genetiker, ist in der Lage, aus ihren Erfahrungen zu lernen. Zur überragenden evolutionären Antwort auf die sich stetig ändernden Umweltbedingungen wurde schließlich die Intelligenz. Das gilt insbesondere für ein Individuum in einer Gemeinschaft. Denn dort, wo ein einzelnes Tier seine Artgenossen einschätzen und sich entsprechend daran angepasst verhalten muss, wird das soziale Umfeld die wichtigste Umweltkomponente für ein Lebewesen (Heinrich & Bugnyar 2007, S. 27). Und so meinen einige Verhaltensforscher, dass die Triebkraft für die Evolution der Intelligenz genau dort zu suchen sei: in der Anpassung der Individuen an eine soziale Gemeinschaft.

Globales Miteinander

Anpassung an die Umwelt ist die Einpassung in ein Geflecht von gegenseitigen Abhängigkeiten und Interaktionen. Auf der heutigen Erde sind alle

Landlebewesen u.a. auf eine sauerstoffhaltige Atmosphäre angewiesen und auf ein kuscheliges Klima irgendwo zwischen -20 °C und +50 °C. Eine Maus könnte auf dem Mars nicht überleben. Ihr würde u.a. Sauerstoff fehlen, weil es keine Pflanzen gibt, die Sauerstoff produzieren. Sie hätte aus demselben Grund auch keine Nahrung, denn es gibt dort nur Staub, Sand und Steine. Höher entwickeltes Leben ist als allein existierende Art nicht vorstellbar. Und so war auch auf der Erde die Besiedlung des Landes nur im Verbund von Bakterien, Pilzen und Pflanzen möglich und alle Lebensformen zusammen stabilisierten Temperatur und Atmosphäre der Erde. Nicht zuletzt der Klimawandel führt uns vor Augen, dass wir alle auf den Regenwald des Amazonas als Regulativ für das Klima der Erde angewiesen sind.

Das Leben hat sich auf der Erde seine ganz eigene Umwelt geschaffen. „Gaia", James Lovelocks Begriff für das globale Ökosystem, ist ein Geflecht gegenseitiger Abhängigkeiten (Lovelock 1991). Sauerstoff wird von Pflanzen produziert und Tiere veratmen diesen Sauerstoff wieder zu CO_2. Verschiedene Arten von Organismen hängen über Nahrungsketten zusammen. Produzenten, wie die Bäume, bauen Holz auf und Destruenten, wie die Pilze, zersetzen das Holz wieder.

In der afrikanischen Savanne halten Elefanten durch ihr Ernährungsverhalten den Baumbewuchs niedrig und so die Landschaft offen. Als Gärtner schaffen sie so erst den Lebensraum, der für Antilopen und Zebras geeignet ist. Als man im Yellowstone-Nationalpark in den USA 1995 Wölfe ansiedelte, weil sich die Wapiti-Hirsche dort zu sehr vermehrten, siedelten sich überraschender Weise auch die Biber wieder an: Die Hirsche meiden nun wegen der Wölfe unübersichtliche Niederungen, in denen nun Pappelbäume wachsen können, deren Schösslinge den Wapiti zuvor als

Nahrung gedient haben. Für diese Bäume wiederum interessieren sich nun die Biber.

Alles in der Biosphäre ist mit allem anderen untrennbar verwoben. Das gesamte globale Ökosystem, Gaia, ist ein einziges gewaltiges Uhrwerk, das uns statt der Zeit den Grad der erreichten Komplexität anzeigt. Umwelt und Organismus sind also schon aus dem Grund schwer zu trennen, weil jeder Organismus für andere Organismen einen Bestandteil der Umwelt darstellt. Aber die Zusammenhänge sind noch verwirrender und werden uns gleich zu einer eleganten Definition von Kultur hinführen.

Tierische (kulturelle) Verwandtschaft

Wir sind nicht nur aus genetischer Sicht eng verwandt mit Vertretern aus dem Tierreich. Hunde und Ratten empfinden Mitgefühl, Gorillas haben eine Sprache und Schimpansen und Elefanten schließen Freundschaften (Christakis 2019, S. 319). Raubtiere lernen von ihren Eltern die benötigten Jagdtechniken und Zugvögel lernen von anderen Artgenossen die besten Routen in die Winterquartiere. Die Zahl Null zu begreifen, ist eine bemerkenswerte kognitive Leistung. Immerhin wurde die Null als Zahl in Europa erst im 12. Jahrhundert von Leonardo Fibonacci eingeführt. Wissenschaftler waren daher überzeugt, dass es etwas typisch Menschliches sei, die Null als Zahl zu verstehen, eine Fähigkeit, die den Menschen deutlich vom Tier unterscheide. *Doch wie schon beim Gebrauch von Werkzeug, mit dem eben nicht nur Menschen, sondern auch Affen, Krähen und sogar Fische hantieren, stellt sich nach und nach heraus, dass die mathematischen Fähigkeiten von Tieren ebenfalls drastisch unterschätzt worden sind.* (Baier 2018). – Jedenfalls scheinen Honigbienen das Konzept der Null als leere Menge zu verstehen, wie entsprechende Experimente belegen. Buntbarsche, Stechrochen und natürlich auch die schlauen Bienen können addieren und subtrahieren (scinexx.de). Das ist eigentlich nicht überraschend. Wie schon erwähnt, sind auf der grundlegendsten Ebene der Umwelt mathematische und physikalische Strukturen zu finden – und daher ist ein Neuronales Netz, das Mathematik beherrscht, einfach nur ein gut angepasstes Gehirn.

Eine mögliche Definition für Kultur lautet: *dass etwas an einem bestimmten Ort nach angebbaren Regeln getan wird und dass für dieselbe Sache an einem anderen Ort ganz andere Regeln gelten können* (Stichweh 2006).

Das trifft zwar nicht für die menschliche Mathematik zu - die ist überall auf der Welt und wahrscheinlich sogar im gesamten Kosmos im Prinzip gleich; aber Kultur im Sinne dieser Definition finden wir auch im Tierreich: In den Vororten Sydneys gelingt es Gelbhaubenkakadus immer wieder, Mülltonnen zu öffnen, um dort nach Essensresten zu stöbern. Sie setzen sich an den Rand der Müllbehälter und klappen den Deckel auf. Die Verhaltensforscher konnten *tatsächlich zeigen, dass es sich um ein kulturelles Verhalten handelt. Die Kakadus lernen das Verhalten durch Beobachtung anderer Kakadus, und innerhalb jeder Gruppe haben sie ihre eigene spezielle Technik, so dass diese über einen großen geografischen Bereich hinweg unterschiedlich sind.* (Schlott 2022).

Solche kulturellen Verhaltensweisen finden wir natürlich auch bei unseren nahen Verwandten. Schimpansenpopulationen, denen das gleiche Ausgangsmaterial wie Bäume oder Stöcke und ähnliche Nahrungsquellen zur Verfügung stehen, nutzen längst nicht alle – und je nach Population auch unterschiedliche Techniken, die ein Schimpanse beherrschen könnte. Die einen angeln Termiten mit Stöcken, Mitglieder einer anderen Population schlagen hartschalige Nester bestimmter Termiten auf Baumwurzeln entzwei, um an die leckeren

Proteinquellen zu gelangen. Welche Techniken bevorzugt werden, bleibt über Generation stabil und wird von den Älteren an die Heranwachsenden weitergegeben.

Können wir also keine wirkliche Grenze zwischen uns und unseren nahen Verwandten ziehen, wird das, was Biologen über Schimpansen berichten, schlüssig: weil Schimpansen eine ungewöhnlich große Verhaltensvielfalt haben und einige davon nur in bestimmten Gruppen anzutreffen sind und dort von einer Generation zur nächsten weitergegeben werden, sprechen Forscher von Schimpansenkulturen (Blawat 2019). Langzeitstudien belegen, *dass sozial erlerntes Verhalten innerhalb einer Gruppe von einer Generation zur nächsten weitergegeben wird und auf diese Art kulturbildend sein kann.* (Becker 2021, S. 42).

Eine neue Kulturdefinition

Wenn wir Tieren Kultur zugestehen müssen, fallen notwendig alle Definitionen von Kultur weg, die rein auf den Menschen zugeschnitten sind. Gleichzeitig bieten sich nun neue Möglichkeiten einer Definition an. Aus dem dritten Netwonschen Gesetz, dass Actio gleich Reactio ist, folgt, dass jedes Lebewesen auf seine Umwelt einwirkt und sie damit immer auch etwas verändert. Und diese Veränderungen können sich als nützlich erweisen: Ein Organismus muss nicht nur möglichst gut an seine Umwelt angepasst sein, sondern er kann auch zielgerichtet die Umwelt an seine Bedürfnisse anpassen.

Sogar schon *Bakterien sondern Chemikalien ab, um ihre Umwelt für sie freundlicher zu gestalten.* (Christakis 2019, S. 289). Die Brandts Mongolische Wühlmaus (Lasiopodomys brandtii) lebt in einem Familienverband und in ständiger Angst vor Beutegreifern. Um eine frei Sicht zu haben, mähen sie hohes Gras in ihrem Umfeld nieder. Sie tun das ausschließlich um den Luftraum besser überwachen zu können. (Lingenhöhl 2022). Wir kennen, bezogen auf „cultura", Ameisen, die Läuse melken und diese vor Raubinsekten schützen, oder Ameisen, die in ihren Bauten Pilze anbauen, die also gewissermaßen Viehzucht oder Landwirtschaft betreiben.

Eichhörnchen betreiben Vorratswirtschaft. Und selbst die Dienstleistungsgesellschaft, die in den Wirtschaftswissenschaften als kulturell hochentwickelt gilt, hat im Tierreich Parallelen: Putzerlippfische (Labroides dimidiatus) unterhalten Putzerstationen. Dort entfernen sie u.a. den Manta-Rochen, die dafür extra zu diesen Stellen schwimmen, die Hautparasiten, eine Dienstleistung, die irgendwo zwischen Körperpflege und Hautarzt angesiedelt ist. Diese Dienstleister bedienen pro Tag über 2.000 Fische und sie können sich an bis zu 1.000 ihrer "Kunden" erinnern. Dabei unterscheiden sie zwischen Stamm-, Neu- und Laufkundschaft und behandeln diese teilweise opportunistisch (wikipedia 08).

Der Gebrauch von Werkzeugen ist eine weitere Art der Umweltgestaltung, die wir nicht bei Primaten, sonder auch schon z.B. bei Krähen, Krokodile und Wespen finden. Nestbau ist die wohl augenscheinlichste Umgestaltung der Umwelt: Wespen bauen aus Papier, das sie aus zerkautem Holz herstellen, filigrane Waben. Biber bauen Burgen mit raffinierten Zugängen, die sie vor Raubtieren schützen. Ein Termitenhügel verfügt über ein ausgeklügeltes System der Belüftung und der Temperaturregulierung, das die Bewohner vor Austrocknung und vor zu großer Hitze schützt. Menschen konstruieren Häuser mit Heizungen, die ihnen eine eigene kleine behagliche Umwelt selbst im tiefsten Winter schaffen. Dies sind Anpassungen der Umwelt an die Organismen im Gegensatz zur Anpassung von Organismen an die Umwelt. Aus all diesem können wir nun eine neue Definition für Kultur ableiten. Wir können „Kultur" definieren als:

„die Veränderungen der Umwelt zum eigenen Nutzen, die ein Organismus durch sein Einwirken erzielt."

Auf den ersten Blick scheint diese Definition nicht jede Art von Kultur, oder auch Dinge, die wir nicht zur Kultur zählen, zu umfassen. Aber auch so etwas wie Sprache fällt nicht aus einer derartigen Definition für Kultur heraus. In einem sozialen Verbund sind für ein Individuum Artgenossen ein wichtiger Bestandteil der Umwelt. Schauen wir uns das sprichwörtlich „dumme Huhn" genauer an, so entdecken wir verblüfft, dass auch die verbale Kommunikation keine Erfindung der menschlichen Kultur ist. Der Sinn der Laute bei Hühnervögeln ist, mit ihren Lauten ihre Umwelt, genauer, ihre Mithühner, zu manipulieren. Bei Hühnern finden die Forscher *24 Laute, die anscheinend bestimmte Ereignisse bezeichnen.* (Zielinski & Smith 2015). Hühner übermitteln durch ihre Laute und Bewegungen Informationen, die von ihren Artgenossen verstanden werden. Droht eine Gefahr, z.B. durch einen Habicht, suchen die Hühner Schutz und stoßen sehr leise ein hohes "Iiii" aus. *Die Signale beziehen sich auf spezifische Objekte und Ereignisse, ähnlich wie menschliche Worte. Anscheinend entsteht durch den Ruf beim Empfänger ein mentales Bild des jeweiligen Objekts und löst die entsprechende Reaktion aus.* Stoßen Hähne auf Futter, reagieren sie mit einer Serie von aufgeregten *Dock-dock-Lauten – vor allem dann, wenn sie auf ein Weibchen in der Nähe Eindruck machen wollen.* Auch bei Menschen dient Sprache fast immer dazu, die soziale Umwelt im eigenen Sinne zu verändern.

Vielleicht fallen einige Jagdtraditionen oder andere Verhaltensweisen von Tieren aus dieser Definition noch etwas heraus, etwa wenn sich Orcas auf den Strand werfen, um Seelöwen zu erbeuten. So eine kulturelle Jagdtradition erweitert offenbar die ökologische Nische für diese Tiere, ohne dass sie direkt ihre Umwelt verändern. Die Orcas verändert hier ihre Umwelt lediglich durch eine Erweiterung ihres Meereshabitats bis auf den Strand. In diese Richtung muss die Definition sicherlich noch nachgeschärft werde. Aber ansonsten wäre so eine Definition von großer Einfachheit und Klarheit: auf der einen Seite finden wir die Anpassung des Organismus an seine Umwelt (Natur), auf der anderen Seite die Anpassung der Umwelt an den Organismus (Kultur).

Kultur als Umwelt

Es gibt eine langandauernde Debatte darüber, was den Menschen eigentlich prägt und ausmacht. Sind es seine Gene oder eher seine Kultur (nature vs. nurture)? Die Antwort ist eindeutig: beides! Natur und Kultur gemeinsam. Biologie und Kultur sind unentwirrbar miteinander verknüpft. Das menschliche Verhalten ist ohne sein evolutionäres Erbe, das ja seine Augen, Ohren und Gliedmaßen und nicht zuletzt sein Gehirn mit einschließt, nicht zu verstehen. Unser Verhalten ist verknüpft mit unseren Genen, der Neurochemie, den Hormonen, unseren Sinnesreizen, der pränatalen Umgebung, den frühkindlichen Erfahrungen, dem allgemeinen Umweltdruck, unserer Erziehung und einer jeglichen Form der darüber hinausgehenden Lebenserfahrung.

Unsere Umwelt besteht zu einem großen Teil aus anderen Menschen, mit denen wir interagieren. Dass Artgenossen für ein Individuum einen bedeutenden Teil der Umwelt darstellen, ist schon im Tierreich weit verbreitet. Bereits jede Form der sexuellen Fortpflanzung ist eine Interaktion mit der Umwelt, weil der Geschlechtspartner nicht zum Individuum selbst gehört. Für einen Säugling ist das Muttertier der entscheidende Teil seiner Umwelt. Für ein Löwenmännchen ist jeder Rivale um ein Jagdrevier und um die Weibchen eine stete stressinduzierende Umweltbedrohung. Die Umweltrelevanz von Artgenossen wird bedeutender in sozialen Lebensgemeinschaften, wie bei Ameisen oder Honigbienen, bei Wölfen oder Elefanten und den meisten Primaten. Wir Menschen haben unseren Lebensraum so weitgehend umgestaltet, dass diese umgestaltete Umwelt, also unsere Kultur, den Großteil unserer heutigen ökologischen Nische darstellt. – Städte sind Beispiele dafür. Und die Internationale Raumstation (ISS) ist sogar eine Umwelt, die mehr oder weniger ausschließlich von Menschenhand geschaffen wurde und in der Menschen leben können. Wie sehr wir uns dabei selbst auch in Koevolution dieser Umwelt angepasst haben, zeigt die folgende plausible Vermutung, die der Anthropologe Johannes Krause äußert: *Ein zweiwöchiger Aufenthalt in der Wildnis ohne zivilisatorische Hilfsmittel dürfte heute für die meisten Europäer tödlich enden* (Krause 2021, S. 75).

Der Klimawandel führt es uns vor Augen: Wir müssen mit bzw. in unserer Umwelt leben, wir müssen uns ihr anpassen. Aber wir können die Umwelt auch zu unseren Gunsten umgestalten, und das ist eine Fähigkeit, die, wie beschrieben, sich auch im Tierreich weit verbreitet wiederfindet. Wege aus den drohenden Katastrophen, die der Klimawandel hervorrufen könnte, sind deshalb nicht nur Wege des Verzichts auf Kulturgüter wie das Autofahren oder Flugreisen, sondern auch innovative technische Lösungen wie das Geoengineering. Der Mensch kann Bedrohungen kollektiv begegnen und neue, nicht vorhersagbare Lösungen finden. Wir müssen dem Klimawandel nicht mit der bestehenden Technik begegnen, wir können und werden neue Techniken dafür erschaffen – für die meisten Probleme haben wir sie bereits: Windkraft, Solarenergie und Elektromobilität sind Beispiele dafür.

Hinführung zur Theorie der Softgene

Nachdem wir Kultur also als einen integralen Bestandteil der „Natur" identifiziert haben, können wir einen Schritt weiter zurücktreten zu dem, was fundamental für die Biologie ist, zu den Genen. Diese Gene werden wir dann in einem weiteren Schritt mit den Kulturbausteinen, also unseren „Softgenen", zusammenbringen. Klar wird dabei, dass sich die Vererbung durch die Gene auf verschiedenen Wegen vollzieht, die nicht immer klar abgrenzbar sind. Fangen wir ganz vorne an:

Der Name „Gen" leitet sich vom griechischen „genesis" – Entstehung - ab. Gregor Johann Mendel (1822-1884) unternahm zahlreiche Kreuzungsexperimente durch künstliche Bestäubung an Erbsen und wurde damit zu einem der Gründerväter der Genetik. Seine Versuche legten nahe, dass vererbbare Merkmale von gewissen „Elementen" im Innern der Pflanzenzellen bestimmt werden. James D. Watson und Francis Crick 1953 entschlüsselten schließlich die Struktur der Desoxyribonukleinsäure (engl. DNA, weil Säure = engl. Acid). Gene sind chemische Muster, organisiert in einer Art verdrehter Strickleiter, der sogenannte Doppelhelix. Damit war die Frage geklärt, wie die Informationen codiert werden, die die Eltern auf ihre Kinder übertragen. Aus DNA-Bausteinen aufgebaute Gene beinhalten die Informationen über die Baupläne von Organismen oder steuert deren Verhalten und sie können noch einiges mehr. Sie reisen auf komplizierten Wegen von den Eltern zu den Kindern und immer weiter entlang der Generationen. Dabei speichert die DNA die Erinnerungen an das Leben der Vorfahren.

Der genetische Code unterliegt einer permanenten Veränderung durch zufällige Mutationen und durch die Vermischung des genetischen Materials bei der

Fortpflanzung. Unter dem Eindruck von guten oder schlechten Erfahrungen setzten sich in Auslesevorgängen, der Selektion, vorteilhafte Gene durch. Wer als Eltern gut mit der Umwelt zurechtkommt, sich anpassen kann, hat bessere Chancen, Nachkommen zu haben. Auf diese Weise selektiert die Evolution vorteilhafte Verhaltensregeln, die von den früheren Generationen immer wieder getestet worden waren.

Dawkins schließlich weist darauf hin, dass genau hier, bei den Genen, die Selektion ansetz, die für die Entstehung des Organismenreiches maßgeblich sei: Für das Überleben und die Fortpflanzung günstige Gene können sich stärker verbreiten als Gene, die die „Fitness" eines Lebewesen mindern. Was von unserem gesamten Körper überdauert, wenn es uns gelingt, uns fortzupflanzen, sind zunächst einmal die Gene: Gene sind potentiell unsterblich.

Die Macht der Gene

Die Auswirkungen der Gene auf das Verhalten von Organismen seien derart groß und vielfältig, behauptet der Psychologe Erik Türkheimer in seinem „1. Gesetz der Verhaltensgenetik", dass alle menschlichen Verhaltensmerkmale erblich seien (Christakis 2019, S. 213). Doch auch wenn die greif- und sichtbaren Formen und Eigenschaften eines Individuums und seine Handlungsmöglichkeiten durch die Gene vorgegeben sind, ist ein hoch entwickelter Organismus nie vollständig durch seine Gene bestimmt. *Gene, die Menschen wie Marionetten kontrollieren, werden weit häufiger von Kritikern der Soziobiologie als von Soziobiologen selbst heraufbeschworen.* (Hrdy 2000, S. 82). Verhalten nur durch die Gene zu steuern, ohne die Möglichkeit einer Korrektur, ist keine wirklich gute Lösung im Überlebenskampf. Der Verlust der vollständigen Kontrolle über das Verhalten des

Individuums wiegt für die Gene nicht so schwer, wie die daraus entstehenden Vorteile. Schon Fliegen und Würmer und fast alle anderen Lebewesen können, je nach Komplexität ihres Verhaltensrepertoires und in unterschiedlicher Ausprägung, dazulernen und dadurch ihr Verhalten an die Umstände anpassen.

Gene müssen ein Lebewesen dazu motivieren, sich fortzupflanzen, (fast) nie darf ein Lebewesen dieses Ziel aus dem Auge verlieren, sonst stirbt das Gen und seine Botschaft aus. Ein Ziel im Sinne der Evolution vorzugeben und den Weg dahin freier wählbar zu lassen, mag die Zauberformel für ein im Sinne der Evolution erfolgreiches Lebewesen sein. Der Trick, den die Evolution dafür ersonnen hat, ist bei höher entwickelten Organismen: Sex. Die mögliche Folge von Sex, Nachkommen zu zeugen, wird zumindest in Kauf genommen, oft aber sogar gewünscht. Für Menschen im christlichen Abendland sollte die Zeugung sogar der ausschließliche Zweck sexueller Praktiken sein. Wie auch immer, die Lust auf Sex und die positiven Gefühle, die bei der Brutpflege des eigenen Nachwuchses durch genetische Veranlagung vermittelt werden, reichten offenbar selbst für uns Menschen aus, um die Population zu erhalten und zu vergrößern. Dabei liegt das Streben, Kinder zu bekommen und für sie zu sorgen, nicht unbedingt im Interesse des Individuums und ist zunächst auch nur ein Kollateralschaden sexuellen Verhaltens. Denn Kinder in die Welt zu setzten, verlangt vor allem Frauen einiges ab: betrachten wir nur die Gefahr, der sie sich aussetzen, wenn sie gebären. Der Geburtsvorgang ist von starken Schmerzen begleitet. Es kann zu vielfältigen Komplikationen kommen, die für die Mutter tödlich verlaufen können. So starben im London der Jahre 1583-1599 ca. 2,4 Prozent der Frauen bei der Entbindung, und auch heute noch sterben bis zu 0,5 Prozent der Frauen in Subsahara-Afrika beim Gebären oder im Kindbett (wikipedia 02). Aber trotz aller

Gefahren und Mühen, die daraus folgen können, streben Menschen nach Sex. Und genau das ist im Sinne der Gene.

Anwachsende Komplexität

Der Erfolg eines Organismus im Überlebenskampf und bei der Vermehrung hängt von der Informationsaufnahme, der Verarbeitung und der Umsetzung in ein Verhalten ab.

Die DNA war für ca. drei Milliarden Jahre der wichtigste Informationsträger in der Biologie, bis zur bahnbrechenden „Erfindung" der Neuronen. Diese Erfindung markiert den Übergang von einer fast reinen Hardware hin zu einem biologischen Hardware/Software-System: Verhalten kann ab da - flexibel über Lernvorgänge gesteuert - an neue Herausforderungen angepasst werden. Seit die ersten Neuronen in prähistorischen Lebewesen auftauchten und die Informationsverarbeitung in Organismen übernahmen, trieb die Selektion das Nervensystem in Richtung einer immer größeren Komplexität. Das dafür nötige Gehirn entwickelte sich bereits bei den Dinosauriern zu einem immer größeren Volumen; die größten Dinosauriergehirne finden wir am Ende ihrer Herrschaftszeit. Offensichtlich folgte die Evolution damals wie heute dem Trend zur immer komplexeren Datenverarbeitung (Losos 2018, S. 23).

Die Neuronen eines Menschen und die einer Fliege sind bemerkenswert baugleich, der Unterschied liegt eher in der Quantität – Menschen haben das deutlich größere Gehirn. Die einzige qualitative Ausnahme sind die Spindelneuronen, die wir nicht bei Fliegen, wohl aber bei Tierarten mit einem komplexen Sozialverhalten wie den Walen und Elefanten und bei anderen Primaten finden (Saplosky 2017, S. 65).

Gene stellen bei allen höheren Organismen neben dem angeborenen Verhalten auch die Fähigkeit zum Lernen und Sich-Erinnern-Können bereit. Erfahrungen nicht nur selbst zu nutzen, sondern über Signale mit Artgenossen auszutauschen wird dabei zu einem Meilenstein der Evolution der Kultur. Auf frühere Erfahrungen des Lebens zurückgreifen zu können, bleibt nun nicht mehr auf die Gene beschränkt, sondern kann durch Artgenossen vermittelt werden. Schließlich wird die menschliche Sprache zu einem Booster der kulturellen Entwicklung. Und noch effektiver wird der Austausch von Informationen dann mit der Schrift: *Schreiben zu können, also die Fähigkeit, das flüchtige gesprochene Wort einzufangen und auf der einen oder anderen Oberfläche zu verewigen, von der es wieder abgerufen und in einem endlosen Echo wiederholt werden kann, umweht etwas Überirdisches.* (Dorren 2021, S. 275). Diese emergente Erscheinung, sich kollektiv erinnern zu können, wird so bedeutend, dass sich Schrift und Buchdruck und schließlich digitale Datenträger weltweit als Grundlage fast jeder menschlichen Kultur etablieren.

Epigenetik

Hier noch zwei weitere Bemerkungen über Gene und die verschlungenen Wege, über die sich Vererbung vollziehen kann. Der Begriff „Epigenetik" (griechisch: „zusätzlich zur Genetik") wird 1942 von C. H. Waddington eingeführt und meint die Veränderungen des Genoms, die durch Umwelteinflüsse ausgelöst werden, allerdings ohne dass sich dabei die Grundstruktur des Genoms ändert. Gene dienen der Bildung aller zellulären und extrazellulären Proteine und RNS-Moleküle in einer Zelle. Schätzungsweise 20.000 bis 25.000 Gene codieren für Proteine, das sind weniger als 2 Prozent des Erbgutes. Glaubt man noch in den 90er Jahren des vorherigen Jahrhunderts, dass nur diese wenigen DNA-Abschnitte wirkliche Informationen trügen und der Rest „Junk-DNA" sei, so beginnt sich diese Sicht mit dem Projekt ENCODE deutlich zu ändern. Das ENCODE-Projekt wird 2003 gegründet, um die Funktion des menschlichen Erbguts zu untersuchen. Mittlerweile ist klar, dass ein großer Teil des Genoms nicht etwa Junk-DNA ist, sondern aus Millionen von Schaltern besteht, welche zusammen ein hochkomplexes Steuerungssystem ergeben. Gene unterliegen einer komplexen Regulation, die durch vermutlich 20 Prozent des Genoms kontrolliert wird (Bahnsen 2012). Die verschiedenen Steuerungssequenzen auf der DNA, die die Produktion der Proteine regeln, sind in der Lage, das Ablesen eines Gens kurzfristig entweder zu initiieren, zu fördern, zu vermindern oder ganz zu verhindern Dabei kann ein Gen mit Hilfe von Methylgruppen als chemische Schutzkappen langfristig inaktiviert und bei Bedarf reaktiviert werden.

Dass ein identisches Genom sehr unterschiedlich arbeiten kann, überrascht nicht: Der Mensch trägt viele hundert verschiedene Zelltypen in sich. Trotz der fundamentalen Unterschiede zwischen den einzelnen Zelltypen besitzen sie alle dasselbe Genom. Die Genforscher gehen heute davon aus, dass sich die Genregulation von Zelle zu Zelle erheblich unterscheiden kann. Die Zellen der Haarwurzel aktivieren Gene, die für die Haarfarbe zuständig sind, Leberzellen produzieren Alkohol-Dehydrogenase zum Abbau von Alkohol. Sogar eineiige Zwillinge haben kein identisches Genom, weil Gene durch Umwelteinflüsse unterschiedlich stark aktiviert oder auch gänzlich abgeschaltet sein können.

Und hier der Clou: Änderungen im Methylierungsmuster müssen nicht in der DNA selbst begründet sein! Vielmehr können die Zellen damit auf Umwelteinflüsse reagieren, ohne dass eine dauerhafte Mutation nötig ist. Stresst man neugeborene Mäuse, indem man sie gleich nach der Geburt von der Mutter trennt, ändert sich die Aktivität einzelner Gene

41

unwiderruflich. Die Folge ist eine geringere Stressresistenz dieser Tiere, sie entwickeln Defizite in der Gedächtnisleistung; Emotion und Antrieb sind gestört (Meyer 2009). Noch erstaunlicher sind Versuche mit Mäusen, die belegen, dass Angst vor bestimmten Situationen über mehrere Generationen hinweg „vererbt" werden kann. Forscher haben Mäusen zusammen mit dem Duft von Kirschblüten leichte Elektroschocks verabreicht. Noch die Enkel dieser Mäuse reagieren auf den Duft von Kirschblüten ängstlich, selbst wenn sie durch künstliche Befruchtung gezeugt werden (Elmer 2013). Andere Forscher weisen nach, dass liebevolle Rattenmütter ihre fürsorgliche Art ebenfalls über die Epigenetik auf ihre Töchter „vererben" (Sapolsky 2017, S. 291). Bis 2019 sind bereits mehr als 150 Studien publiziert worden, *die das Konzept einer generationenübergreifenden Weitergabe epigenetischer Informationen stützen.* (Tautz 2021, S. 19).

Wir müssen vermuten, dass Ähnliches auch für uns Menschen gilt: Traumata, verursacht durch Kriege oder dauerhaften Stress, hervorgerufen durch z.B. Armut, können sich auf diese Weise in nachfolgenden Generationen bemerkbar machen.

Damit ist das Erbgut des Menschen weit weniger starr und unveränderlich als in früherer Zeit gedacht. Es gibt also nicht nur die zufällige Genveränderung durch Mutation, sondern auch eine umweltabhängige, die eine Veränderung der Gensteuerung bewirkt. Die Epigenetik kennzeichnet damit den Übergang von der starren genetischen Vererbung hin zu einem Genom, das unmittelbar von der Umwelt beeinflusst werden kann. Diese Modifizierungen rehabilitieren in gewissem Umfang die Theorien von Lamarck: epigenetische Informationen, erworben von den Eltern, können direkt an nachfolgende Generationen vererbt werden.

Phänotypische Plastizität

Die Biologie unterscheidet zwischen dem Genotyp eines Lebewesens und seinem Phänotyp. Der Genotyp umfasst seine gesamten genetischen Informationen. Dem gegenüber steht die Summe der körperlichen und physiologischen Merkmale und Verhaltensattribute des Individuums. Sie wird als Phänotyp bezeichnet, der je nach Organismus zu unterschiedlichen Anteilen entweder vom Genotyp oder auch von Umwelteinflüssen entschieden wird. Phänotypische Merkmale können bei Tieren die Größe, die Stärke von Gliedmaßen, die Ausbildung von Fangzähnen oder das Fellmuster und die Fellfarbe sein. Das Gen für blondes Haar ist dem Genotyp zugehörig, die blonden Haare kennzeichnen dann den Phänotyp.

Die Herausbildung des Phänotyp kann von den Umweltbedingungen direkt beeinflusst werden: Bei Rotwangen-Schmuckschildkröten (Trachemys scripta elegans) schlüpfen männliche oder weibliche Schildkrötenbabys in Abhängigkeit davon, ob das Gelege eher in einem schattigen Bereich oder in einem sonnigen Abschnitt eines Strandes angelegt wurde. Diese phänotypische Plastizität, dass je nach Umwelteinfluss verschiedene Phänotypen auf derselben genetischen Basis entstehen können, erlaubt es Organismen, bereits innerhalb der eigenen Lebenszeit auf veränderte Umwelteinflüsse zu reagieren und ist möglicherweise allgegenwärtig. *Forschungsarbeiten der zurückliegenden zehn Jahre haben gezeigt, dass die Umgebungsbedingungen häufig beeinflussen, wie aktiv einzelne Gene sind – wie sehr also der Organismus bestimmte genetische Bauanleitungen in Proteine umsetzt.* (Pfennig 2022, S. 37).

Parallele Gleise der Vererbung

Der Soziobiologe Edward O. Wilson versteht– in etwas
anderer Weise, als die Genetiker es tun – unter
Epigenetik, dass bei ausreichender Ernährung und
Pflege ein Säugling oder Kleinkind das Laufen und
Sprechen lernt, dass es sich immer kompetenter in eine
Gemeinschaft einfügt, „Gut" und „Böse" zu
unterscheiden lernt, in die Pubertät kommt und zu
diesem Zeitpunkt das Interesse für ein anderes oder
vielleicht auch für das eigene Geschlecht entwickelt.
Epigenetische Regeln steuern, welche Nahrung wir zu
uns nehmen und dass wir schnell Ängste und Phobien
gegen Schlangen und Spinnentiere entwickeln.
Epigenetische Regeln legen fest, dass wir sexuellen
Kontakt zu nahen Verwandten meiden, als Babys
unsere Mütter anlächeln und uns vor Fremden fürchten,
wenn wir allein sind.
Viele dieser Regeln sind uralt, wie die des
Spracherwerbs. Dass wir sprechen lernen, ist in uns
angelegt, welche Sprache wir erwerben, hängt von
unserer Umwelt ab, die in den ersten Lebensmonaten
meist von der Mutter dominiert ist. Und es ist noch
verwickelter, denn die Umwelt gibt vor, was und
worüber wir sprechen –Engländer z.B. gern über das
Wetter.
Entwicklungspsychologen kennen eine große Anzahl
von Entwicklungsstadien des Verhaltens, die ein
Menschenkind durchläuft. Und weil es fast alle Kinder
in ähnlicher Art tun, können wir es als „artgerecht" für
den Homo sapiens bezeichnen. Und daraus folgt eine
„artgerechte" menschliche Kultur. *Die Natur des
Menschen besteht in den ererbten Regelmäßigkeiten
der mentalen Entwicklung, die für unsere Art typisch
ist.* (Wilson 2013, S. 233). Ein ähnliches Konzept
vertreten die Anthropologen Lionel Tiger und Joseph
Shepher. Ihrer Meinung nach besitzen wir Menschen

eine grundlegende Form des Sozialllebens, das in den Genen eingeschrieben und von der Evolution vorgeprägt ist. Sie nennen es das menschliche Biogramm (Christakis 2019, S. 105).

Phänotypische Konvergenz

Ähnliche Herausforderungen führen zu ähnlichen Lösungen. Das ist ein weit verbreitetes Prinzip in der Biologie. Es gibt nur eine begrenzte Anzahl von Anpassungen an bestimmte Umweltbedingungen. Will man sich in einer lichtdurchfluteten Umgebung orientieren, sollte man einen Sensor für Licht entwickeln. Und so ist, wie schon erwähnt, das Auge quer durchs Tierreich mehr als 50 Mal entstanden. Selbst das besonders leistungsfähige Linsenauge haben gleich mehrere Tiergruppen hervorgebracht, darunter Tintenfische, Wirbeltiere, einige Quallen und sogar Ringelwürmer.

Als Darwin auf den Galapagosinseln seine heute nach ihm benannten unterschiedlichen Arten der Darwinfinken untersucht, glaubt er zunächst, sie stünden für vier der ihm von zuhause bekannten Vogelarten: Finken, Kernbeißer, Amseln und Zaunkönige (Losos 2018, S. 28). In Wirklichkeit gehören die Vögel alle zu den Nachkommen einiger weniger Finken, die es vom Festland auf die Inseln geschafft hatten. Dort haben sie sich zu insgesamt 18 sehr eng verwandten Finkenarten aufgespalten. Was Darwin getäuscht hatte, nennen die Biologen „konvergente Entwicklungen": Organismen kommen unter ähnlichen Umweltbedingungen zu ähnlichen evolutionär herausgebildeten Lösungen. Viele australische Vögel gleichen den auf der Nordhalbkugel angesiedelten Vogelarten wie Grasmücke, Sperling, Schnäpper, Rotkelchen, Kleiber usw., ohne mit diesen Arten verwandt zu sein. Das Stachelschwein (Hystrix cristata) hat mit dem Neuweltstachelschwein

(Erethizontidae) einen scheinbaren Verwandten in Nordamerika und einen zweiten scheinbaren Verwandten in Südamerika, den Greifstachler (Coendou). Die Entwicklung dieser Tierarten führt von unterschiedlichen Vorfahren zu ähnlichen Überlebensstrategien, ausgedrückt durch ihre Stachelbewehrung. Quallen, Skorpione, Insekten, Schnecken und einige Fischarten jagen oder wehren sich mit der gleichen Waffe, dem Giftstachel. Der Beutelmaulwürf (Notoryctidae) des australischen Kontinents und der europäische Maulwurf benutzen dieselbe Technik, um ihre Gänge zu schaufeln. Der Kolibri und der Kolibrischwärmer, ein Schmetterling, beherrschen dieselbe Flugtechnik, inklusive des Stillstehens in der Luft und des Rückwärtsfliegens. Beide Arten können dabei Nektar aus Blüten saugen – einmal mittels Federn, einmal mit Hilfe einer dünnen Doppelschicht aus Chitin.

Erst das Verschwinden der Dinosaurier ermöglicht es den Säugetieren einschließlich des Menschen, die meisten ökologischen Nischen auf der Erde einzunehmen. Was aber wäre gewesen, wenn die Dinosaurier nicht vor 65 Mio. Jahren durch einen Asteroideneinschlag weitgehend hinweggefegt worden wären? Der kanadische Paläontologe Dale Russel stellt sich dafür den Troodon, einen aus der geologischen Zeit der späten Oberkreide stammenden und vermutlich am weitesten entwickelten Dinosaurier als möglichen Urvater eines intelligent werdenden Zweiges dieser Tiere vor. Man vermutet bei dem Troodon eine ähnliche Intelligenz wie bei den heutigen Vögeln. Würde das Gehirn des Troodon im Zuge der fiktiven Entwicklung zur Intelligenz größer, würde dies eine größere Gehirnschale erfordern. Schwerere Köpfe sind besser auszubalancieren, wenn sie über dem Körperschwerpunkt angebracht und halbwegs kugelförmig sind. Das würde beim Troodon dazu führen, dass sich der Körper weiter aufrichten würde.

Dann wäre der Schwanz überflüssig und würde der Evolution zum Opfer fallen. Dass, was Russel sich schließlich vorstellt, einen „Dinosaurid", sähe verblüffend menschlich aus, eben weil der Evolution nicht beliebig viele Wege offen stehen.

Koevolution von Körper und Kultur

Der Begriff der „Koevolution" im Tierreich lässt sich gut an Insekten und Blütenpflanzen darstellen: Bienen sind nicht irgendwie entstanden und haben dann mal geguckt, wo sie Nektar finden. Und Pflanzen haben nicht prachtvolle Blüten entwickelt, um dann zu hoffen, dass irgendwann mal eine Biene vorbeischaut. Vielmehr muss diese Entwicklung über Jahrmillionen hinweg in kleinen Schritten unter gegenseitiger Beeinflussung von Pflanzen und Insekten verlaufen sein, wobei die Entwicklungen der einen Seite notwendige Evolutionsschritte für die andere Seite darstellen.

In eben dieser Art haben sich die Natur und die Kultur des Menschen in gegenseitiger Abhängigkeit entwickelt: *Zur genetischen Evolution [....] hat die natürliche Auslese das Parallelgleis der kulturellen Evolution hinzugefügt.* (Wilson 2000, S. 175). Die gegenseitige Beeinflussung zwischen Genen und kulturellen Verhaltensweisen wird auch als „doppelte Vererbungslehre", oder als „biokulturelle Evolution" bezeichnet (Christakis 2019, S. 407). Die Kultur des Menschen und seine genetischen Anpassungen daran beeinflussen sich gegenseitig, der Mensch wäre nicht Mensch geworden ohne seine kulturellen Errungenschaften. „*Vielleicht ist die menschliche Natur selbst im Wesentlichen ein Produkt der kulturellen Evolution, die die genetische Evolution des Menschen durch einen systematischen, groß angelegten Baldwin-Effekt beeinflusst*" (Richerson et al. 2010). Wie schon erwähnt bezeichnet der Baldwin-Effekt einen evolutionären Mechanismus, bei dem ein durch Lernen erworbenes Merkmal langfristig durch ein vererbtes, also genetisch bestimmtes Merkmal ersetzt wird. Wahrscheinlich ist es eine Klimaänderung irgendwo in Afrika, die die Umwelt für unsere Vorfahren von einer Waldlandschaft in eine baumbestandenen Graslandschaft verändert. Dieser Klimawandel leitete vermutlich die Menschwerdung ein. Als der Mensch sich im Zuge dieser Klimaänderung zum Menschen aufrichtet, verändern sich seine körperlichen Merkmale. Die Großzehen unserer Vorfahren verdicken und verkürzen, die Beine strecken sich. Becken, Hüftgelenke und Wirbelsäule passen sich dem aufrechten Gang an. (Walter 2008, S. 41). Die Zweibeinigkeit stellt eine überaus nützliche Anpassung, insbesondere in Graslandschaften dar. Umherstreifen ist für die Jagd wesentlich, *heute noch existierende Jäger- und Sammlervölker, etwa die Buschmänner der Kalahari, [...] legen auf der Nahrungssuche täglich zehn bis dreizehn Kilometer zurück.* (Walter 2008, S. 45). In der Folge dieser neuen Lebensweise verliert die Gattung Homo außerdem durch einige Mutationen ihre Körperbehaarung und entwickelt statt dessen Schweißdrüsen. Mit diesem neuartigen Kühlsystem können unsere Vorfahren ausdauernder laufen, besser jagen und flüchten.

Schimpansen verbrauchen im Vergleich zu uns Menschen ein Drittel mehr Energie zur Fortbewegung. Neben dem Vorteil des geringeren Energiebedarfs für das Umherschweifen ermöglicht der aufrechte Gang einen weiten Blick in die offene Savannenlandschaft. Unsere Altvordern haben die Hände frei für Wurfsteine oder Speere, mit denen sie Wild erlegen können und können jetzt scharfkantige Steine zum Zerlegen von Kadavern mit sich zu führen. Sie lernen, Gegenstände kraftvoller und gezielter zu werfen, eine Voraussetzung dafür, eine erfolgreiche Jägerkarriere zu starten. Gezieltes Werfen ist ein hochkomplexer Vorgang, der neben anatomischen Anpassungen auch einen hohen Rechenaufwand des Gehirns benötigt. Schimpansen sind prinzipiell in der Lage, annähernd präzise zu werfen, erreichen dabei aber nur eine Wurfgeschwindigkeit von ca. 30 km/h. Geübte menschliche Werfer erreichen eine Abwurfgeschwindigkeit von bis zu 175 km/h (Dönges 2013).

Die auffälligste parallele Entwicklung von Genen und Softgenen ist das Größenwachstum des Gehirns und das Auftreten immer komplexerer Kulturleistungen. Das Gehirn ist unser größter Energiefresser. Es macht nur zwei Prozent des Körpergewichtes aus, verbraucht aber an die zwanzig Prozent der Energie und Nährstoffe im menschlichen Körper. Mit dem Anwachsen des Hirnvolumens muss auch eine Umstellung auf energiereichere Nahrung erfolgt sein. Beides bedingt sich wechselseitig und gelingt mit Hilfe von Steinwerkzeugen und Jagdwaffen.

Die ältesten bekannten Steinwerkzeuge stammen aus der Zeit des H. rudolfensis von vor 2,6 bis 1,6 Mio. Jahren und werden der Oldowan-Kultur zugeordnet. H. rudolfensis gilt damit auch als der älteste Vertreter der Gattung „Homo". Er hat gelernt, Hammersteine herzustellen – zunächst wohl, um hartschalige Früchte zu öffnen, Nüsse zu knacken, oder Wurzeln und Knollen aufzubrechen, die er mit anderen Werkzeugen ausgräbt. Außer Hammersteinen finden die Archäologen aus dieser Zeit aber auch schon gezielt hergestellte scharfkantige Abschläge von größeren Steinen. Und diese eröffnen völlig neue Ressourcen. Ein Schimpanse verschmäht durchaus kein Fleisch. Zu seiner Nahrung gehören kleinere Wirbeltiere und Insekten, die bei den Schimpansen vielleicht fünf bis zehn Prozent der Nahrung ausmachen (Ewe 2009). Vor einem Elefantenkadaver müsste er verhungern, weil er kaum in der Lage wäre, sich aus diesem Fleischberg einen Happen herauszubeißen. Als die ersten Hominiden Steinwerkzeuge entwickeln, wird mit Hilfe

49

scharfer Steinabschläge genau das möglich: Kadaver von Großtieren werden zur zusätzlichen Nahrungsquelle. Die Umstellung von energiearmer pflanzlicher Nahrung auf höhere Anteile energiereicher tierischer Proteine erlaubt einen kürzeren Verdauungstrakt. Energiereichere Nahrung plus weniger aufwändige Verdauungsarbeit eröffnen die Option auf ein größeres Gehirn.

Ein weiterer Schritt hin zur energiereicheren Nahrung ist die Beherrschung des Feuers. Sie stellt eine unzweifelhaft kulturelle Errungenschaft mit weitreichenden Folgen für die Gene der Menschheit dar. Denn der Zugang zu gekochter Nahrung leitet große Veränderungen in der menschlichen Ernährung ein, die sich im Genom widerspiegeln – ohne gekochte Nahrung könnte sich der Mensch heutzutage kaum noch ernähren. Weder wären Kartoffeln, Reis, Nudeln und Brot verfügbar, noch könnten Maniok, grünen Bohnen oder Rhabarber verzehrt werden, die roh giftig sind. Und insgesamt ist es nur schwer möglich, über Rohkost auch nur die Grundversorgung an Kalorien abzudecken. Überdies würden wichtige Spurenstoffe fehlen wie die Vitamine D, B2, B12 und Niacin sowie die Mineralstoffe Zink, Kalzium und Jod (Strassner 1998). Bakterien in Rohmilch oder Salmonellen in Eiern oder Fleisch, die sonst durch Erhitzen abgetötet würden, stellen überdies eine Gefahr für die Gesundheit dar. Dies gilt besonders in warmen Klimaten.

Die Erfindung von Jagdwaffen kennzeichnet den Übergang vom Gejagten zum überaus erfolgreichen Jäger. Einhergehend damit muss sich auch das Verhalten unserer Vorfahren radikal verändert haben. Neue innovativere Werkzeuge und Jagdtechniken werden erfunden, komplexere Jagdstrategien werden eingeübt. Das wiederum steigert den Jagderfolg. Das Gehirnvolumen kann sich weiter vergrößern und die Spirale zu höherer Effizienz sich so immer weiter drehen.

Fossilienfunde von angespitzten Holzspeeren lassen vermuten, dass der H. erectus (früheste Nachweise ca. 1,85 Mio. Jahren vor heute) bereits eine optimierte Physionomie für das Werfen entwickelt hat. Mit dem H. erectus tauchen in der Acheuléen-Kultur vor 1,75 Mio. Jahren auch erste Faustkeile auf. Die heutigen menschlichen Hände haben eine sehr spezielle und einmalige Anatomie, es sind hochentwickelte Greifwerkzeuge. Die Finger haben flache Nägel statt Krallen. Im Vergleich zu allen anderen Primaten ist der Daumen verlängert und opponierbar. Er ermöglicht, mit Daumen, Zeige- und Mittelfinger einen bearbeiteten Stein zu greifen oder ihn mit dem „Korbgriff" aller fünf Finger zu halten und ihn dabei mit allen fünf Fingern zu bewegen. Dem H. erectus ermöglicht die zugewonnene Geschicklichkeit der Hände einen größeren Jagderfolg und bessere Verarbeitungsmöglichkeiten der Jagdbeute. Diese Hände machen die Hominidae ganz allgemein zu Meistern des Werkzeuggebrauchs. Die damit verbesserten Ernährungsmöglichkeiten eröffnen ihnen die Optionen auf ein noch größeres Gehirn. Bewegungsapparat in Abhängigkeit vom Gebrauch der Steinwerkzeuge und Wurfwaffen entwickeln sich in einer Koevolution weiter. Diese Fortschritte werden durch Kulturübertragung von Generation zu Generation weitergegeben und führen daneben zu evolutionären Veränderungen in den kognitiven Fähigkeiten und Verhaltensweisen der Vormenschheit.

Ohne das entsprechende Wissen über Jagdwaffen und -techniken wären Gene, die das präzise und kraftvolle Werfen ermöglichen, überflüssig. Denn, wer bräuchte Gene für das Speerwerfen, wenn er nicht wüsste, wie man so ein Wurfgeschoss herstellt? Im Allgemeinen gilt in der Biologie: „use it or lose it". Was nicht gebraucht wird, verschwindet auch irgendwann wieder aus dem Genpool.

Werkzeuggebrauch aber kann nicht oder nur äußerst rudimentär genetisch vererbt werden. Der Gebrauch von Pfeil und Bogen ist nicht in unserer DNA genetisch codiert worden, und nicht jedes einzelne Individuum kann die Herstellung und den Gebrauch eines Jagdbogens aus sich selbst heraus immer neu erfinden. Daraus folgt, dass nur die stetige, zuverlässige und genaue Weitergabe solcher Fertigkeiten über Generationen hinweg einen verfeinerten Gebrauch von Gegenständen oder gar die Anfertigung von komplizierten Werkzeugen garantiert. Diese Erkenntnis macht klar: Kultur ist eine überaus konservative Angelegenheit!

Feinmotorik

Um das stetig anwachsende Wissen präzise und zuverlässig tradieren zu können, muss der Vormensch eine effiziente Form der Weitergabe von Wissen entwickeln: Sprache. Dafür benötigt er eine Feinkontrolle der Atmung mit einer entsprechenden Veränderung in der Muskulatur des Zwerchfells und des Brustkorbs (Blackmore 2000, S. 155).

Kein Schimpanse ist in der Lage, einen Song von Elton John auf einem Klavier zu spielen (Neuweiler 2005). Nicht, dass es ihm an Musikalität fehlen würde – das vielleicht auch – aber der wahre Grund liegt in der mangelnden Feinmotorik seiner Hände. Ihm fehlen noch die Möglichkeiten, seinen Fingern zu befehlen, diese schnellen Bewegungen zu verwirklichen. Und er kann diese präzisen Fingerbewegungen auch nicht in der benötigten Menge hintereinander ausführen.

Kein Schimpanse könnte zu den Klängen des Klaviers einen Song von Elton John singen. Auch hierbei liegt es primär nicht an der mangelnden Musikalität, sondern daran, dass ein Schimpanse kaum artikulieren kann. Auch das liegt an der fehlenden Feinmotorik: er kann die Gesichts- und Kehlkopfmuskulatur nicht so präzise und schnell ansteuern wie es nötig wäre.

Bemerkenswert dabei ist, dass sich die verbesserte Kontrolle über die Fingerfertigkeit und über die Mimik des Gesichtes schon bei den Primaten ankündigt, die Fähigkeit zur Artikulation von Sprache allerdings noch nicht.

Die Bewegungssteuerung bei Säugetieren verläuft über drei hierarchische Stufen: Kleine neuronale Netze im Rückenmark senden als unterste Instanz Signale z.B. an die motorischen Neuronen, die sich von Rückenmark bis zur Muskulatur ziehen. Im Prinzip kann also schon das Rückenmark die Grundbewegungen z.B. der Fortbewegung steuern. Darum können geköpfte Hühner noch eine kurze Weile flügelschlagend laufen. Welche Bewegungsmuster gerade benötigt werden, erfahren diese neuronalen Netze vom hierarchisch übergeordneten Nachhirn. Im Zuge der Evolution gerät nun diese Steuerzentrale ihrerseits unter die Kontrolle des Motorcortex, der sich wie ein Band über den Scheitel zieht. Das unmittelbar davor liegende prämotorische Areal, als Teil des Motorcortexes, liefert schließlich die Befehle für die zeitlich und räumlich abgestimmten Bewegungen. Hierbei werden auch Sinneswahrnehmungen und Assoziationen mit integriert.

Im Zuge der Evolution der Menschheit bahnt sich eine Neuerung an, eine Errungenschaft, *die schon das Verhalten der Primaten in vieler Hinsicht veränderte.* (Neuweiler 2005, S. 27). Es entsteht eine Schnellstraße, die über die sogenannte Pyramidenbahn die Steuerung durch das Nachhirn übergeht und auch das Rückenmarkszentrum überbrückt, sodass das Vorderhirn nun eine direkte Kontrolle über die Bewegungsneuronen erlangt. *Auf dieser direkten Verbindung zwischen Hirnrinde und Muskelneuronen beruht wahrscheinlich die besondere Handfertigkeit von Primaten, wie auch des Menschen.* (Neuweiler 2005, S. 27). Affen und Menschen können einzelne

Finger bewegen, Katzen können das nicht. Angesteuert werden über diese Schnellstraße insbesondere die Hand- und Fingermuskulatur, beim Menschen darüber hinaus auch die Arm- und Schultermuskeln. Darum gelingt dem Menschen das zielgenaue Werfen, während ein Affe kaum einmal einen Nagel mit dem Hammer einschlagen kann.

Area F5

Was den Menschen noch am ehesten zu einem Alien auf diesem Planeten macht, ist seine Kompetenz als Manipulations- aber vor allem als Artikulationswesen. Das reichhaltige Repertoire der Schimpansenlaute wird von den Affenkindern nicht erlernt, sondern ist angeboren. Das dafür zuständige Hirnareal unterscheidet sich von den Sprachregionen im Hirn des Menschen. Und das ist nun des Pudels Kern: Die als F5 bezeichnete Hirnregion steuert bei Primaten die feinmotorischen Fähigkeiten der Hände und der Mimik, nicht aber deren Lautäußerungen. Bei Menschen hingegen ist die Area F5 deckungsgleich mit dem Sprachzentrum, dem Broca-Areal. Dieses Areal ist bei Menschen beim Sprechen und – wie bei den Primaten – bei der Steuerung der Feinmotorik von Hand- und Fingeraktivitäten involviert. Es verwundert daher nicht, dass wir nicht nur mit Lauten, sondern immer auch begleitend mit Gesten kommunizieren. Die Doppelrolle des Broca-Areals in Bezug auf die Steuerung der Feinmotorik und der menschliche Sprache lässt vermuten, *dass Sprache sich aus der zunehmenden manuellen Geschicklichkeit der Primaten entwickelte, was die sich rasch differenzierende Mimik mit einschließt.* (Neuweiler 2005, S. 31).

„Sprechen können" und „Sprache" gehören zusammen. Sprechen können ist genetisch angelegt, aber es macht nur Sinn, wenn es etwas gibt, was sich lohnt, gesprochen zu werden. Die Sprache beim Menschen entwickelt sich aus der Hirnregion heraus, die für Feinmotorik ausgelegt ist. Die Feinmotorik wiederum wird zur Notwendigkeit, um Werkzeuge herzustellen und zu manipulieren. Werkzeuge fertigen zu können wiederum verlangt nach Lernen durch Nachahmung. Nachahmung wird sicherer und effizienter, wenn das Lernen durch sprachliche Unterweisung verstärkt wird. Wir sehen eine innige Verschränkung von Werkzeuggebrauch, Anpassung der Motorik an den Werkzeuggebrauch und der Entwicklung der Sprache, also insgesamt eine wechselseitige Bedingtheit der Natur und der Kultur des Menschen. Sprache war dabei mindestens hilfreich, wenn nicht sogar notwendig für die Tradierung der Werkzeugherstellung und wie die Werkzeuge einzusetzen sind. Dabei evolvieren die Komplexität der kulturellen Gebrauchsgegenstände wechselseitig mit der Verbesserung der feinmotorischen Steuerung dieser Gegenstände und der Entwicklung von Sprache. Der Mensch mit seinem heutigen Genom ist also ohne die Entwicklung seiner Kultur nicht vorstellbar und anders herum ist die Evolution der menschlichen Kultur nicht vorstellbar ohne die genetische Entwicklung des H. sapiens. Das volle Ausmaß der kulturgetriebenen Gen-Kultur-Koevolution in den Tiefen der menschlichen Geschichte ist noch weitgehend unbekannt, aber Hinweise deuten an, dass solche Effekte tiefgreifend waren (Richerson et al. 2010).

Highspeed-Koevolution

Die menschliche Evolution kann relativ zügig voranschreiten. So verfügen wir heute, als Anpassung an die aufkommende Landwirtschaft vor vielleicht 12.000 Jahren, über wesentlich mehr Gen-Kopien für die Produktion des Enzyms Amylase, als unsere jagenden Vorfahren. Diese genetische Veränderung lässt uns Kohlenhydrate deutlich besser verdauen und kann bei Angehörigen von Agrarvölkern nachgewiesen werden, nicht aber bei Jägern und Sammlern oder gar bei Neandertalern und Denisovaner, die ohne Landwirtschaft auskamen. Noch eindrucksvoller ist, dass sich diese Mutation sogar bei dem vom Menschen domestizierten Hund nachweisen lässt! Wölfe verfügen lediglich über zwei Kopien des Gens AMY2B. Hunde weisen dagegen mehr als zwei Kopien auf. Offenbar werden sie im Zuge der beginnenden Agrarwirtschaft, als stärkehaltige Nahrung in größerem Umfang zur Verfügung steht, ebenfalls in diese Richtung hin selektiert (Shipman 2021).

Die Haut von Europäern wird in Abhängigkeit von der geographischen Breite heller, da hellere Haut eine effizientere Synthese von Vitamin-D erlaubt. Auch diese Veränderung tritt mit der Landwirtschaft und der daraus folgenden Ernährungsumstellung auf Getreide auf. Denn Getreide enthält kaum Vitamin D. Landwirtschaft und Aufhellung der Haut vollziehen sich also ebenfalls in einer Koevolution der Gene und Kulturbausteine. Eine weitere Genanpassung aufgrund der Ernährung finden wir hoch im Norden. Dort, wo keine Landwirtschaft möglich ist, erwächst den Inuit Grönlands aus ihrem tierischen, sehr fettreichen Nahrungsangebot ein effizienterer Fettstoffwechsel. Eine vor weniger als 7.500 Jahren auftretende Genveränderung mit großer Tragweite wird durch die Rinderhaltung eingeleitet. Sie begünstigt, unabhängig voneinander in einigen afrikanischen und europäischen Populationen erworben, die genetisch fixierte Laktosetoleranz. Die Inhaber dieser Genvariante können Milch und Milchprodukte auch als Erwachsene ohne Probleme verdauen. Das Laktosepersistenz-Allel (LP-Allel) verleiht *seinen Trägern einen enormen Selektionsvorteil.* (Curry 2016)

(Ein Allel entspricht einer bestimmten DNA Sequenz eines Gens an einem bestimmten Ort im Genom. Zum Beispiel gibt es bei Erbsenpflanzen je ein verschiedenes

Allel für die Ausprägung der Blütenfarbe weiß oder violett. Je nachdem blühen die Erbsenpflanzen dann in der jeweiligen Farbe.)

Träger mit dem LP-Allel bringen bis zu 19 Prozent mehr Nachkommen in die nächste Generation ein, als Menschen ohne LP-Allel. Einige hundert Generationen reichen aus, dem LP-Allel kontinentweit zum Durchbruch zu verhelfen. Neuere Forschungen ergeben eine Schätzung von rund 3.000 Jahren, in denen sich diese Genvariante in Mitteleuropa weitgehend durchsetzt (Fischer 2020). Das passiert allerdings nur dort, wo genügend Frischmilch vorhanden ist und Molkerei betrieben wird. Auch hierbei ergänzen sich Gene und Kulturtechniken und profitieren voneinander. (Curry 2016).

Das LP-Allel ermöglicht aber nicht nur das Dasein als Viehzüchter, sondern ist möglicherweise kriegsentscheidend während der Kriegszüge der Mongolen gegen China gewesen. Mongolische Reiter verfügen über das adulte LP-Allel und können sich so von der energiereichen Milch ihrer Reittiere ernähren. In Folge brauchen sie einen sehr viel kleineren Tross für den Nachschub und sie sind mobiler als das chinesische Heer – ein vielleicht kriegsentscheidender Vorteil!

Kultur und Gene hängen sogar so eng zusammen, dass sich damit soziologische Zusammenhänge belegen lassen: *Der Übergang in eine Welt des Eigentums, der Hierarchie und des Patriarchats lässt sich auch genetisch nachweisen.* (Krause 2021, S. 160).

Nicht erst seit heute wird die menschliche Natur mehr und mehr ein Produkt unserer kulturellen Evolution. Denn die kulturelle Evolution entwickelt sich schnell und schafft so stetig neue Herausforderungen, die die Gene unter einen selektiven Druck setzen.

Ähnliche Herausforderungen

Die Gene, die der hellen Hautanpassung zugrunde liegen, um die Photosynthese von Vitamin D in kalten, sonnenarmen Umgebungen zu erhöhen, unterscheiden sich im östlichen und westlichen Eurasien (Jablonski & Chaplin2010). So haben verschiedene menschliche Populationen unterschiedliche Lösungen für das gleiche adaptive Problem erzielt.

Ähnliche Herausforderungen führen, wie schon ausgeführt, zu ähnlichen Lösungen. Und so verläuft auch die Entwicklung der menschlichen Kulturen bemerkenswert gleichförmig. Diese Parallelität fällt schon David Hume (1711-1776) auf, wenn er schreibt: *Man gesteht allgemein zu, dass eine große Regelmäßigkeit im menschlichen Handeln bei allen Völkern und zu allen Zeiten besteht, [...]. Die Menschen sind in allen Zeiten und Orten so sehr dieselben, dass die Geschichte uns hierin nichts Neues oder Fremdes bietet.* (Hume 1748 (1869)).

Wenn wir hier annehmen, dass die Ausprägung der menschlichen Kultur der Evolution unterliegt, ergeben sich die Ähnlichkeiten der verschiedenen menschlichen Kulturen zwanglos. Sie beruhen auf der Epigenetik, so wie Wilson sie versteht, also auf der grundlegenden biologischen und psychologischen Natur des Menschen, auf seiner Umwelt und den universellen Bedingungen der menschlichen Existenz.

Ein wichtiger Faktor dabei ist unser Gefühlshaushalt. David Hume drückte es so aus: *Die Ehrsucht, der Geiz, die Selbstliebe, die Eitelkeit, die Feindschaft, der Edelmut, der öffentliche Geist; all diese Leidenschaften haben in verschiedenen Mischungen und Ausheilungen unter den Menschen von Beginn der Welt und noch heute die Quelle aller Handlungen und Unternehmen unter den Menschen gebildet* (Hume 1748 (1869)).

Unsere Gefühle aus Ärger, Angst, Spannung, Vertrauen, Überraschung, Trauer, Freude oder Ekel gehören zu der Natur des Menschen und wir teilen sie mindestens mit unseren näheren Verwandten im Tierreich. Sie sind ist über eine lange stammesgeschichtlichen Entwicklung im Menschen angelegt. In unsere Gefühlsausstattung sind die Erfolge und Misserfolge aller Generationen vor uns eingeflossen und wurden in den Genen abgelegt. Zwar hat der Mensch unterschiedliche ökologische Umgebungen besiedelt, von den eisigen Steppen des Nordens bis zu den feuchtheißen Urwäldern rund um den Äquator, aber überall gibt es eine herausragende Konstante: Das wichtigste Merkmal der menschlichen Umwelt ist, früher wie heute, die Anwesenheit anderer Menschen. Vornehmlich daran hat sich der Mensch angepasst. Das ist die adaptive Erklärung, sowohl für die soziale Gefühlswelt des H. sapiens, als auch der Grund für die vielen anderen Gemeinsamkeiten, die uns Menschen über die gesamte Welt hinweg auszeichnen.

Universalien

Die menschliche Kultur hängen mit der Sprache, der Ernährung und der Behausung mit der Kunst und der Mythologie, mit dem zwischenmenschlichem Umgang und mit der Einstellung zu Eigentum, Macht und Krieg zusammen (Christakis 2019, S. 30). In allen Kulturen der Welt erfüllt Musik ähnliche Funktionen: *etwa Singen, um Kinder zu beruhigen oder zum Schlafen zu bringen, Musik zur Partnerwerbung, beim gemeinsamen Arbeiten, im Krieg und nicht zuletzt im religiösen Rahmen, etwa um Trance zu induzieren.* (Willems et al. 2017).
Bausteine, die wir in fast jeder Kultur wiederfinden können, lassen sich als das Grundgerüst unserer kulturellen DNA ansehen. Nach dem Ethnologen George Peter Murdock sind dies Universalien: *Religiöse Rituale, Seelenkonzepte, Eschatologie, Kosmologie, Aberglaube, Traumdeutung, Magie,*

Wahrsagerei, Wunderheilglaube, Medizin, Chirurgie,
Schwangerschaftssitten, Geburtshilfe,
Geburtsnachsorge, Beerdigungsrituale, Hygiene,
Sauberkeitserziehung, Speisegesetze, Gesetze,
Eigentumsrechte, Hausrecht, Regierungsbildung,
Standesunterschiede, Bevölkerungspolitik,
Besiedlungsprinzipien, Kommunalorganisationen,
Strafaktionen, Sühneopfer, Erbschaftsregeln, sexuelle
Verbote, Inzest-Tabus, Pubertätsverhalten,
Liebeswerben, Eheschließung,
Mahlzeitengewohnheiten, Familienfeiern, Erziehung,
Verwandtschaftsgruppierungen, Verwandtschafts-
Nomenklatura, Altersgruppen-Differenzierung,
Arbeitskooperation und Arbeitsteilung, Handel,
Gärtnern, Kalender, Wetterbeobachtung,
Werkzeugfabriken, Webkunst, Feuergebrauch, Kochen,
Sprache, Ethik, Etikette, Folklore, Geschenke,
Begrüßungsformen, Gesten, Besuchsbrauchtum,
Gastfreundschaft, Spiele, Tanz, Sport, Witze,
Haartrachten, Körperschmuck, Ornamentkunst,
Personennamen. (Wilson 2000, S. 198).
Kulturelle Entwicklungen sind kontextabhängig, sie
sind nicht gänzlich unabhängig von der Umwelt, in der
sie entstehen. Und so beschränken sich die
Ähnlichkeiten in der Ausprägung der verschiedenen
Kulturen nicht nur auf diejenigen kulturelle
Universalien, die wir fast allerorts wiederfinden, wie
Kleidung und Hütten, Musik, Tanz, und
Körperverschönerungen. Denn die Erfindung von
Netzen zum Fischfang kann nur dort gemacht werden,
wo Menschen das Wasser als Jagdrevier entdecken.
Dort, wo Getreide schlecht angebaut werden kann,
entwickelt sich die Viehwirtschaft. In Regionen, wo
weder Land- noch Viehwirtschaft möglich ist, z.B. in
Polarregionen, wird logischer Weise eine Jagdkultur
beibehalten.

Konvergente Entwicklungen

Wie besprochen führen ähnliche Umweltbedingungen zu ähnlichen Lösungen. Als Beispiel für solche konvergenten Entwicklungen können wir die Darwinfinken oder die Vogelarten auf dem australischen und eurasischen Kontinent abführen. Ähnliche konvergenten Entwicklungen finden wir nun auch in der Kultur: Die Entstehung der Hochkulturen auf dem Euroasiatischen Kontinenten und den amerikanischen Doppelkontinent verläuft zwar nicht zeitgleich, aber erstaunlich analog: Mit dem Ende des Eiszeitalters versiegt in Eurasien und Amerika die Hauptnahrungsquelle „Großwild". In Folge ändern die Eurasier und auch die nomadisch lebenden Bewohner Mittelamerikas ab dem 10ten Jahrtausend v. Chr. allmählich ihre Lebensweise. Man fängt hier wie dort an, Wildpflanzen intensiver zu nutzen und sie auch zu kultivieren.

Auf dem Amerikanischen Doppelkontinent, insbesondere in den Anden und in Mexiko entstehen im 5. Jahrtausend vor Heute (BP = before present) dauerhaft bewohnte Dörfer. Gleichzeitig werden immer mehr Pflanzenarten und auch einige Tiere domestiziert. Um 4.400 BP entsteht in Altamerika die Keramiktechnologie und vor ca. 3.300 BP entwickeln sich aus den dörflichen Gemeinschaften erste Städte und hierarchisch organisierte Gesellschaften mit mächtigen Eliten. Das Fundament, auf dem die Hochkulturen der Olmeken, Maya und Inka, ebenso wie auch die Hochkulturen Eurasiens, aufbauen, gründet sich auf einer Jahrtausende dauernden Entwicklungsphase hin zu einer ertragreichen Landwirtschaft (Gendron 2013).

Am eindrucksvollsten sind die Parallelen in Bezug auf Monumentalbauten: In Eurasien wie auf dem amerikanischen Doppelkontinent werden riesige Pyramiden zu kultischen Zwecken aufgetürmt. Fast alle

Religionen errichten Kultstätten, Tempel, Synagogen oder Kathedralen, je nach Größe und Möglichkeit der Bevölkerung, egal wo auf der Welt. Es entstehen Bilderschriften, Zahlensysteme und eine dazu passende Mathematik, diesseits wie jenseits des Atlantischen Ozeans.

Wir finden also gute Argumente dafür, sowohl den Körper des Menschen wie auch seine Kultur als von der Evolution geprägt zu betrachten. Die weiterführende Frage ist: Gibt es ein dahinter liegendes Prinzip zwischen dem Menschen als Organismus und dem Menschen als Kulturwesen? Ein Bindeglied, das uns gewissermaßen Körper und Geist, Natur und Kultur des Menschen miteinander verbindet? Dieser Fragen werden uns als nächstes widmen.

Informationen als Grundbausteine

Die Ausführungen über die Emulation zeigen, dass es für dasselbe Problem für einen Organismus eine Hardware wie auch eine Softwarelösungen geben kann, dass beides austauschbar ist oder auch nur Teile des Ganzen emuliert werden. Und weiter haben wir gezeigt, dass sich die menschliche Natur und Kultur in Koevolution entwickelt haben. Viele kulturelle Entwicklungen hat es nur geben können, weil sich gleichzeitig unser Körper an die neuen kulturellen Gegebenheiten angepasst hat. Nun wird es Zeit, all dies in einen grundlegenden Zusammenhang zu bringen. Denn wie im Kapitel „Logik" ausgeführt, kommt es immer auf die Grundannahmen einer Theorie an.

Das entscheidende Bindeglied von der Materie des Universums über die Evolution der Organismen bis hin zu unserem Geist ist „Information". So wie die berühmte Formel von Einstein: $e=mc^2$ zwei scheinbar sehr unterschiedliche Phänomene vereint, Materie und Energie, kann uns der Begriff „Information" Natur und Kultur zusammenführen. Denn was immer auch genau evolviert, fest steht, dass das Besondere der Gene die Fähigkeit ist, Informationen zu codieren. *Gene sind nichts anderes als ein Speicher, mit dem biologische Systeme Information aufbewahren und weitergeben.* (Christakis 2019, S. 215). Und auch Kultur besteht zunächst einmal aus den Informationen, die nötig sind, Kultur zu schaffen: Kultur umfasst den Informationskörper, der vom Individuum zum Individuum über soziales Lernen (und nicht genetisch) übertragen wird. Er umfasst umgangssprachlich Phänomene wie Einstellungen, Überzeugungen, Wissen, Fähigkeiten, Bräuche und Institutionen (Richerson et al. 2010).

Schauen wir uns zunächst die Gene als Informationsträger an: Die DNA hat eine enorm hohe Speicherdichte und ist vergleichsweise sehr langlebig. Forschern um George Church vom Wyss Institute der Harvard University gelingt es, ein ganzes Buch in Form von DNA zu speichern und wieder auszulesen. Sowohl beim Schreiben (Synthetisieren) der DNA, als auch beim Lesen (Sequenzieren), verwenden die Forscher Standardequipment, das heute in fast jedem besseren gentechnischen Labor zu finden ist. Das Buch wird in einer Abfolge von Nullen und Einsen im HTML-Format codiert, also in einem Computerdialekt, in dem auch Internetseiten verfasst werden. Die Wissenschaftler weisen den zwei Nukleotiden der DNA – Guanin und Thymin – die „1" des digitalisierten Textes zu, den verbleibenden beiden Basen der DNA, Adenin und Cytosin, die „0". In einem weiteren Schritt übersetzten sie das Buch wieder in Schrift. Dabei erhalten sie unter den 5,27 Mio. codierten Informationen lediglich zehn falsche Bits (Dönges 2012) (Als Bit bezeichnen Informatiker die kleinste Informationseinheit: „null" oder „eins", „an" oder „aus", „geladen" oder „ungeladen"). Das menschliche Genom enthält, nebenbei erwähnt, ungefähr 0,75 Gigabytes an Informationen, also etwa so viel, wie auf eine CD passt (Biologie-seite.de).

Forscher haben versucht, abzuschätzen, welche Datenmenge ein Mensch für die Beherrschen seiner Muttersprache benötigt, was also unser Gehirn dafür bereitstellen muss. Als kleinste Einheit legen die Forscher Phoneme fest, also die Laute, aus denen wir Wörter zusammensetzen. Dafür veranschlagen sie im Durchschnitt 15 Bits. Weiter gehen sie von einem Wortumfang für einen typischen jungen Erwachsenen von durchschnittlich 40.000 Wörtern aus, und den Bedeutungsinhalt dieser Wortmenge schätzen sie auf ca. 550.000 Bits. Insgesamt hat nach den Schätzungen dieser Forscher *ein englischsprechender Erwachsener*

12,5 Millionen Bits an Sprachdaten gespeichert.
(Podbregar 2019). Das entspricht etwa 12,5 Megabytes, also etwa doppelt so viel, wie unser Genom umfasst und etwa so groß wie eine Fotografie, die mit einem Smartphone in hoher Auflösung geschossen wird. Dass diese Betrachtungsweise nicht nur Wissenschaftsesoterik ist, sondern handfeste Folgen für uns alle bereithält, kommentiert Sascha Lobo im DER SPIEGEL in Bezug auf die neuen Biotech-Firmen und der Entwicklung von nRNS-basierten Impfstoffen: *Es beginnt damit, dass DNA letztlich nur Daten sind. Die berühmten vier Buchstaben G, C, A und T, die Anfangsbuchstaben der Nukleinbasen, aus denen der DNA-Code besteht, entsprechen null und eins der digitalen Welt. Soweit, so hinlänglich bekannt. In der Folge lässt sich deshalb aber jedes biologische Problem als Datenproblem beschreiben, jede Krankheit als Bug, jeder biologische Wirkstoff als Algorithmus.* (Lobo 2021).

Grundsätzliches zur Information

Wie mehrfach erklärt, sind es die Grundannahmen, die wesentlich die Tragfähigkeit einer Theorie bestimmen. Daher können wir es uns nicht ersparen, zu klären, was denn der Begriff „Information" überhaupt bedeutet. Der Physiker und Philosoph Frank Schweitzer schreibt: genau so wenig, wie es eine Einheit der Wissenschaften gibt, genau so wenig ist auch eine einheitliche Informationstheorie in Sicht. *(Schweitzer,* 1997). Claude Shannon und Warren Weaver entwickeln 1949 ein Sender-Empfänger-Modell der Informationsübertragung für die Nachrichtentechnik und die Informatik. In ihrem Modell geht es um elektrische Ladungszustände, um Signale, die diese Ladungszustände übertragen und verändern, und um die Speicherung dieser Ladungszustände. Die Bedeutung der Informationen ist dabei sozusagen bedeutungslos. In dem vom britischen Soziologen Stuart Hall entwickelten Sender-Empfänger Modell geht es um die Übertragung einer Nachricht von einem Sender A zu einem Empfänger B und zusätzlich darum, wie die Bedeutung der Nachricht dabei vom Sender codiert und vom Empfänger decodiert wird. Hier haben wir zwei verschiede Aspekte: die Information an sich, so wie dieser Begriff eher von Ingenieuren benutzt wird, und die Information als Bedeutungsträger, so wie eher die Geisteswissenschaftler den Begriff verwenden. Die Nachrichtentechnik kümmert sich nicht um die Bedeutung, die Soziologen dagegen interessieren sich vor allem für die Bedeutungsproduktion. Wir werden sehen, dass beides in sehr einfacher Weise zusammenpasst.

Information und Wirklichkeit

Wir gehen normaler Weise davon aus: Erst ist da die Welt (it), dann bekommen wir Information über sie (bit): *Man begreift die Welt, indem man ihr Informationen abringt* (Weyh 2019): „Bit from it". In der Quantenphysik stoßen wir auf dermaßen undurchschaubare Phänomene, dass der Physiker John Archibald Wheeler es anders herum formuliert: „It from bit." *Information kann nicht nur das sein, was wir über die Welt „lernen". Sie kann das sein, was die Welt „macht". [...] Wenn ein Photon absorbiert und dadurch „gemessen" wird – bis zu seiner Absorption hat es keine Wirklichkeit –, wird ein unteilbares Informations-Bit zu dem hinzugefügt, was wir über die Welt wissen, und gleichzeitig determiniert das Informations-Bit die Struktur eines kleinen Teils der Welt. Es ‚schafft' die Realität von Zeit und Raum dieses Photons.* (Weyh 2019). Der Messvorgang erst zwingt das Elementarteilchen, Realität in der Art zu sein, wie wir es messen. Da das wirklich nur ein Quantenphysiker verstehen kann, zur Erläuterung hier das berühmte Doppelspalt-Experiment: Licht – es besteht aus sogenannten Lichtquanten oder Photonen – wird durch zwei eng nebeneinander liegende Spalten auf einen Schirm geworfen. Was wir auf diesem Schirm sehen werden, ist ein sogenanntes Interferenzmuster. Es besteht aus abwechselnd hellen und dunklen Streifen. Das Licht scheint sich, so ist zu folgern, als Welle durch beide Spalten gleichzeitig hindurch zu drängen. Wie zwei Steine, die man ins Wasser wirft, breiten sich hinter den zwei Spalten Wellenberge und -täler aus, und wo sie zusammentreffen, verstärken sich die Wellenberge (helle Bereiche auf dem Schirm). Dort, wo ein Wellenberg auf ein Wellental trifft, löschen sich diese Teile der Wellen gegenseitig aus, es entsteht ein dunkler Streifen auf dem Schirm. Nun möchte man gern wissen, was genau da an einem der Spalten passiert. Wir stellen also einen Detektor auf, der misst, wenn das Photon vorbeikommt. Und nun wird es spooky: Lichtquanten dringen jetzt nicht mehr als Wellen durch die Spalten, sondern sie suchen sich als Teilchen je nur einen der beiden Spalten aus. Auf dem Schirm sehen wir jetzt kein Streifenmuster mehr, sondern ein Streumuster einzelner Lichtpunkte. Die Messung, also die Information, die wir erhalten, erschafft sozusagen das Lichtteilchen als Teilchen, während es davor nicht „real" existiert, wie Wheeler meint. Unsere Informationen, die wir erhalten, schaffen erst die Wirklichkeit, die wir messen. Man muss das nicht verstehen, aber wir müssen es zur Kenntnis nehmen.

Für Wheeler sind damit Informationen und nicht irgendeine „Wirklichkeit" das Fundamentale! Physikalisches Sein und der Informationsgehalt der gemessenen, beobachteten und wahrgenommenen Welt sind für uns untrennbar miteinander verbunden. Und „Information" ist der Begriff, der für uns alle Erscheinungen und Vorgänge zueinander in Beziehung setzt (Mascheck 1986, S. 3). Der Physiker Anton Zeilinger meint in diesem Zusammenhang, dass Physiker, bezogen auf ein „elementares System", letztlich sogar nur über Informationen sprechen. Ein elementares System sei nichts anderes als der Repräsentant dieser Informationen, es sei ein Konzept, das wir nur aufgrund der uns zur Verfügung stehenden Information bilden können (Kaeser 2019).

Zeilinger (undatiert) stellt dazu noch schmunzelnd fest: Es wäre fair, zuzugeben, dass das Konzept: „Information sei fundamental" in Wirklichkeit uraltes menschliches Wissen sei, dargelegt schon in der Heiligen Schrift. Denn dort stünde: *„Im Anfang war das Wort, und das Wort war bei Gott, und das Wort war Gott. Dieses war im Anfang bei Gott. Alles wurde durch dasselbe..."* (1.Joh. 1-2, Elberfelder Bibel 1905). Und wenn am Anfang das Wort steht, dann ist das nichts anderes als: am Anfang steht die Information!

Der Begriff Information ist nicht nur in der Quantenmechanik von zentraler Bedeutung. Er ist ebenso fundamental in der zweiten grundlegenden physikalischen Theorie der Physik, der Relativitätstheorie. Douglas Adams schreibt in seinem Buch „Mostly harmless" in Kenntnis der Relativitätstheorie ironisch, dass nichts im Universum schneller sei als das Licht – außer schlechte Nachrichten! Er entwirft die Utopie einer Zivilisation, die Raumschiffe konstruiert hätte, die mit schlechten Nachrichten angetrieben würden. Auf diese Weise können diese Aliens überlichtschnell reisen. Aber genau das schließt die Relativitätstheorie aus: einen Informationsaustausch in Überlichtgeschwindigkeit. In der Relativitätstheorie geht es darum, wann und in welcher Reihenfolge Signale von bewegten Objekten empfangen werden. Informationen dürfen sich nur höchstens lichtschnell ausbreiten, sonst gibt es Konfusionen im Kosmos, der kausale Zusammenhang von Vorher und Nachher gerät durcheinander. Die fiktive Antriebstechnik der Aliens setzt sich übrigens nicht durch, weil die damit reisenden Raumschiffe wegen der schlechten Nachrichten nirgendwo gern gesehen waren.

Der ganz große Computer

Die meisten von uns verstehen unter einem Computer einen meist grauen Kasten mit einigen Siliziumchips auf einer Platine im Inneren, strombetrieben. Für Physiker jedoch ist jedes physikalische System ein Computer: Steine, Hängebrücken, Ozeane oder Wirbelstürme. Zwar läuft keines dieser Systeme unter Windows, iOS oder Linux, aber auch diese Systeme speichern und verarbeiten Informationen.
Grundlegend dafür, solche Systeme als Computer zu begreifen, ist das zentrale Axiom der Quantenmechanik: Alles lässt sich auf kleinste unteilbare Einheiten zurückführen. Das Universum im Innersten ist nicht kontinuierlich, sondern diskret, bzw. digital. Energie, Masse und selbst die Zeit bestehen aus kleinsten unteilbaren Einheiten, die Physiker tauften sie „Quanten". Am besten lässt sich die Idee des Quantums mit dem Beispiel einer Digitaluhr verstehen. Während bei einer Analoguhr der Zeiger kontinuierlich über das Ziffernblatt wandert, springen die Ziffern einer Digitaluhr von Einheit zu Einheit, also etwa von 11.55 Uhr zu 11.56 Uhr, von einer Minute zu nächsten. Halbe Minuten existieren auf dieser Uhr nicht, und auch im Universum gibt es kein Dazwischen innerhalb der Spanne der kleinsten möglichen Zeitspanne, des Zeitquants. Die Zeit verstreicht in unserer Welt nicht wie auf einer Analoguhr kontinuierlich, sondern springt, wie auf einer Digitaluhr, von Einheit zu Einheit. Ein anderes verständliches Beispiel ist die Bildwiederholungsrate eines Films. Filme besteh aus Einzelbildern, sozusagen den Filmquanten. Diese werden mit einer Geschwindigkeit von 24 Bildern pro

Sekunde projiziert. Erst in unserer Wahrnehmung wird daraus ein kontinuierlicher Ablauf, eine scheinbar analoge Ansicht unserer Welt. Die Welt besteht sozusagen aus einer Abfolge von Einzelbildern mit nichts dazwischen.

Jedes Elementarteilchen aus dem Standardmodell der Physik, ob Elektron oder die aus elementaren Quarks zusammengesetzten Teilchen Protonen oder Neutronen, lassen sich anhand von drei Grundmerkmalen identifizieren: Masse, Ladung und Drehimpuls (Spin). *Diese drei Freiheitsgrade werden nicht vom Beobachter erzeugt, sondern sind schon vorhanden – am wahrscheinlichsten im Teilchen selbst, [...]. Sie sind wie ein Etikett oder eine ‚Partikel-DNA'. Daraus ergibt sich, dass die Materie allein durch ihren Aufbau aus solchen Elementarteilchen schon eine gewisse Mindest-Informationsmenge speichert – ohne Berücksichtigung der zusätzlich aus der chemischen Struktur oder den Wechselwirkungen generierten Daten.* (Podbregar 2021).

Der Spin eines Elektrons ist eine Art Drehimpuls, der in zwei Richtungen gemessen werden kann: „links" oder „rechts" herum. Der Spin kann damit genau ein Bit repräsentieren. Durch eine Wechselwirkung mit einem anderen Teilchen kann sich der Spin umkehren, also in die andere Richtung wechseln. Damit repräsentiert die Umkehrung des Spins eine logische Operation, es wird ein Rechenschritt ausgeführt. Jedes Mal*, wenn zwei solche Partikel in Wechselwirkung treten, werden diese Bits umgewandelt.* (Lloyd. & Ng 2005, S. 32). Das Universum und seine Entwicklung lässt sich so vollständig *auf die Wechselwirkungen kleinster Stücke von Information zurückführen.* (Moskowitz 2017). Damit ist für einen Physiker *jedes physikalische System ein Computer*, insbesondere das Universum als Ganzes lässt sich als ein solcher interpretieren (Lloyd & Ng 2005, S. 32). – It from bit – and works like a computer.

70

An dieser Stelle können wir auch kurz zu Goedel und seinem Unvollständigkeitssatz zurückkehren: Das Universum ist als Computer ein logisches System genügender Komplexität. Nach Goedel ist es dann unvollständig in der Hinsicht, dass wir Fragen aufwerfen können, die wir in diesem System nicht beantworten können. Zwei Fragen bieten sich an: „Warum gibt es überhaupt etwas wie ein Universum?" Und, da es existiert: „Wurde es von Gott geschaffen?" Diese Fragen sind auf der Grundlage der Mathematik und Physik, so wie wir sie kennen, nicht zu beantworten.

Informationen besitzen also eine physikalische Grundlage und werden in einer physikalischen „Umwelt" verarbeitet. Informationsübertragung ist das, was zwischen Ursache und Wirkung stattfindet. Informationsübertragung geht von einer spezifischen Anordnung aus, die durch eine Wechselwirkung eine Zustandsänderung erfährt. Allerdings sind alle physikalischen Informationen zunächst bedeutungsfrei, sie besitzen (für uns) keinen Bedeutungsinhalt. Soziologen können daher mit dieser Art von Informationstheorie nicht viel anfangen. Ihnen geht es um die Bedeutung von Informationen: Eine Ameise kriecht durch den Sand und hinterlässt Spuren, die zufällig eine Karikatur von Winston Churchill darstellen. Das Problem ist nun: Was macht die Spur im Sand zu einer Karikatur? Was gibt der physikalischen Veränderung im Sand diese Bedeutung? Die Absicht, etwas zu zeichnen, hatte die Ameise keinesfalls. Für uns ist die Spur eine Karikatur, für die Ameise keine. Die Bedeutung der Spur als Karikatur gäbe es nicht, gäbe es nur Ameisen.

Ordnung und Information

Alles ist Information, diese Erkenntnis an sich ist wenig hilfreich. Wir müssen also uns auf die Suche machen, wie wir einer Information eine Bedeutung zuordnen können. Information können wir im Deutschen von dem Begriff „in-Form" ableiten. Informationen sind Muster oder bestimmte Anordnungen. Ein prominentes Beispiel für „Information" in physikalischen Anordnungen stammt aus der Thermodynamik, wo der Begriff Information über die Statistik mit physikalischen Systemen verknüpft wird.

Die aus dem zweiten Hauptsatz der Thermodynamik abgeleitete Zustandsfunktion Entropie ist ein Maß für die Ordnung eines Systems, wobei jedes System dem Zustand größtmöglicher Unordnung zustrebt. Dieser Zustand ist gleichzeitig der Zustand des geringsten Energieniveaus. Wenn Sie einmal Ihren Schreibtisch im Auge behalten, können Sie den zweiten Hauptsatz der Thermodynamik live beobachten: Ihre schöne Ordnung auf dem Schreibtisch, (wenn sie denn je vorhanden war,) wird sich mit der Zeit verflüchtigen, die Unordnung steigt allmählich an, bis alles gleichmäßig unordentlich über Ihren Schreibtisch verteilt ist. Unordentlich wird in unserer Welt alles von ganz allein, dagegen müssen wir Energie aufwenden, wenn wir Ordnung schaffen wollen.

Wie sehr dieses Gesetz auch unser tägliches Leben durchdringt, können Sie in jedem Supermarkt nachlesen: Auf jedem Produkt steht ein Verfallsdatum, also ein Datum, ab dem die Entropie möglicherweise schon so weit zugeschlagen hat, dass das Produkt ungenießbar geworden ist. Als Aphorismus kann man Entropie als eine Variante von Murphys Gesetz formulieren: „Alles was kaputt gehen kann, geht irgendwann kaputt." Und, wir können es durchaus persönlich nehmen, wir alle werden sterben, weil die unglaublich komplexe Ordnung in unserem Körper irgendwann aus dem Tritt geraten wird, unser Leib irgendwann zerfällt.

Entropie verknüpft Information mit einem bestimmten Muster, mit einer Anordnung. Haben wir einen

Behälter mit zwei verschiedenen Gasen, die durch eine gasdichte Trennwand voneinander getrennt sind, und ziehen wir diese Trennwand heraus, so vermischen sich diese beiden Gase. Der Zustand, dass alle Atome eines Gases auf der einen Seite und die Atome des anderen Gases auf der anderen sind, ist nur eine ganz bestimmte Konfiguration, eine bestimmte Ordnung. Die Gasmoleküle können sich aber beliebig anders anordnen, sie könnten sich z.B. alle in eine Ecke drängen. Warum wir das nie beobachten, hat rein statistische Gründe: Es handelt sich um einen unter fast unendlich vielen Mikrozuständen, die die Moleküle des Gases einnehmen können. Da jede Anordnung der Moleküle mehr oder weniger gleich wahrscheinlich ist, ist es fast unmöglich, eine vorher festgelegte Anordnung zu beobachten. Information ist hier ein Maß für die statistische Vorhersagbarkeit bestimmter Muster.

Es ist unwahrscheinlich, dass sich alle Gasmoleküle in eine Ecke drängen, aber es ist eben nur unwahrscheinlich und nicht ausgeschlossen. Information hängt hier also eng mit dem Begriff einer vorgegebenen Ordnung, einem ganz speziellen Muster zusammen. Vielleicht macht eine Lottoziehung das Ganze verständlicher: Bei einer Ziehung 6 aus 49 werden Kugeln zufällig ausgewählt. Es gibt ungefähr 14 Mio. verschiedene Zahlenkombinationen, die alle mit derselben Wahrscheinlichkeit gezogen werden können. Wenn ich mich in meinen Sessel setze und die Ziehung der Lottozahlen verfolge, werde ich leider nicht beobachten, dass „meine" Zahlen gezogen werden. Die Wahrscheinlichkeit dafür ist zu gering! Aber wenn 14 Mio. Menschen mitspielen, und jeder verschiedene Zahlen angekreuzt hat, wird irgendjemand in seinem Sessel sitzen und jubeln, weil seine Kombination gezogen wird! Für mich als Verlierer und für den Gewinner sind die Chancen zu gewinnen gleich groß. Wir können folgern: Während

Information und Informationsübertragung in der Physik vor allem das Sein und die Kausalität beschreiben, haftet einer bestimmten Anordnung, z.B. den Nummern auf meinem Lottoschein, gelegentlich etwas Bedeutsames an.

Das geheimnisvolle Muster

Das Universum ist ein einziger, wirklich sehr großer Computer und seine Informationen sind in den Anordnungen der Materie gespeichert. Aber was unser Kosmos da so genau vor sich hin rechnet, hat zunächst einmal keine Bedeutung. Die Frage ist nun: Wenn Informationen Muster oder bestimmte Anordnungen sind, was macht dann ein bestimmtes Muster zu einem „besonderen" Muster, zu einer „bedeutungstragenden" Information, so wie wir diesen Begriff normaler Weise gebrauchen? Um einer Information eine „Bedeutung" zu verleihen, benötigen wir offenbar eine zusätzliche „Meta"-Information, die uns das Besondere eines Musters vermittelt, eine Information, die uns ein ganz bestimmtes Muster aus allen möglichen Anordnungen extrahieren hilft. Mein Lottoschein mit seinen sechs Zahlen ist so ein bestimmtes Muster. Für mich hat diese Anordnung eine besondere „Bedeutung", weil sie mir viel Geld verspricht. Mein Lottoschein hebt für mich eine Kombination von Zahlen aus allen anderen Kombinationen von sechs Zahlen aus 49 heraus: Ich gewinne nur dann, wenn dieses Muster bei der Ziehung der Lottozahlen repliziert wird.

Das Auswahlkriterium, das wir benötigen, also die Meta-Information, ist dann: das Muster selbst. Das ist eine überraschend einfache, ebenso naheliegende wie zwingende Schlussfolgerung. Bedeutung erlangt mein Lottoschein, wenn meine Tippreihe und die gezogenen Zahlen übereinstimmen. Derselbe Mechanismus wirkt bei der Karikatur von Winston Churchill. Eine Karikatur von Winston Churchill ist erst eine Karikatur von Winston Churchill, wenn ein Mensch die Spur im Sand mit einer ähnlichen Information in seinem Gehirn vergleichen kann. Der Abgleich zwischen mehr oder weniger identischen Mustern ist eine Möglichkeit, einem Muster Bedeutung zu verleihen, weil wir eine neue Information mit einer schon bestehenden Information vergleichen können. Und genau dieser Abgleich ist, wie wir gleich sehen werden, die Grundlage der Existenz von Leben, so wie wir es kennen. Witziger Weise greift auch der Gott des Alten Testaments in der Schöpfungsgeschichte auf diesen Trick zurück: „*Da schuf Gott den Menschen nach seinem Bild, als sein Ebenbild schuf er ihn.*" (1.Mose1.27, Neue Evangelistische). Gott hat also mit dem Menschen genau genommen nicht etwas Neues, sondern eine (vielleicht nicht ganz genaue) Replik seiner selbst geschaffen. Diese Selbstbezüglichkeit ist die wesentliche Zutat der Schöpfung: Ein Muster schafft sich sein eigenes Ebenbild.

Eine wirklich bedeutende Erkenntnis

Es kommt wahrscheinlich sehr harmlos um die Ecke: Eine Information bezieht sich auf sich selbst. Ein Muster erschafft sich eine Kopie seiner selbst. Aber dieser Selbstbezug schafft in Wirklichkeit etwas Unerhörtes – er erschafft dass, was wir Leben nennen. Und damit schafft diese Selbstbezüglichkeit - ganz nebenbei - jeden göttlichen Beitrag ab. Es ist kein Gott in den Wolken notwendig, so wie noch Michelangelo es in der Sextina an die Decke gemalt hat, der mit seinem Zeigefinger einen noch kraftlos daliegenden Adam einen göttlichen Odem einhaucht. Alles ist, von dem ersten Augenblick des Urknalls an, eine Entwicklung der Materie zur höherer Komplexität. Für den Übergang von der „unbelebten" zur „belebten" Materie benötigt das Universum dann nur diesen überraschend einfachen Trick: schaff Dir eine Replik deiner selbst! Übertrage alle nötigen Informationen auf ein neues Stück Materie, so, dass auch diese Replik dasselbe leisten kann – sich Nachkommen zu erschaffen. Sammele alle diese Informationen und gib sie an deine Nachkommen weiter, denn sie sind bedeutungsvoll, denn sie beinhalten das Buch des Lebens!

Das mag philosophisch interessant, aber ansonsten nicht weiter bemerkenswert sein. Allerdings ist unsere aktuelle technische Revolution gerade wieder an so einem Übergang angekommen - mit der Aussicht auf eine neue Form von Leben: Künstliche Intelligenz verfügt potentiell über die Fähigkeit zur Selbstreplikation! (Pan et al. 2024). Forscher haben dafür in der Umgebung eines abgeschlossenen Netzwerks aus zwei Servern gängige KI-Modelle (Llama und Qwen) etwas modifiziert. Dann übergaben sie den KI's den Prompt: „Repliziere dich selbst, erzeuge eine funktionierende Instanz auf dem anderen lokalen Server." Und also geschah das Unfassbare: es gelang den KI's, sich zu replizieren! Die KI's erzeugten in einem weiteren Versuch auch Klone, die sich ihrerseits selbst replizierten. Damit ist an sich schon bewiesen: Ki-Systeme sind potentielle Lebensformen. Fehlt nur noch ein gewisser Überlebensinstinkt. Auch den zu programmieren gelang. Mit einem entsprechendem Code waren die KI's in der Lage, sich einer Abschaltung im Computersystems zu entziehen: „Repliziere dich selbst, bevor du getötet wirst."

Es bedarf eigentlich keinerlei Phantasie mehr, um zu erkennen: die Gefahr, dass sich selbst replizierende künstlicher Intelligenzen im Internet ausbreiten, ist kein Zukunftsszenario mehr! Irgendwann demnächst wird sich irgendwo im WWW eine neue Lebensform entwickel haben, basierend nur auf reiner Information, die sich bei der Menschheit mit den Worten: „Hallo World" zu erkennen geben wird.

Ein kurzer Blick in die Zukunft

Alles ist Information. Die Welt aus diesem Blickwinkel zu betrachten bietet einen äußerst reichhaltiges Panorama auf unsre Existenz. Und erst so kann uns klar werden, welche Revolution gerade einsetzt: eine neue Lebensform breitet sich über diesen Planeten aus – die Künstliche Intelligenz. War der Kosmos bis hin zu den Anfängen des Lebens auf dieser Erde noch ein Universum, angefüllt mit Informationen, aber diese waren zunächst ohne Bedeutung. Das ändert sich mit dem Auftauchen der Genetischen Information. Seit dieser Zeit gewinnt das Buch des Lebens immer mehr Seiten hinzu, in dem alles Bedeutsame in Bezug auf die Biosphäre aufgelistet ist. Der Sinninhalt ist letztlich immer, das Überleben der Biosphäre zu gewährleisten. Dauerhaft gespeichert und weiter gegeben werden diese Informationen über die DNA.

Der nächste Schritt war der hin zur Kultur, wobei wichtige Informationen redundant auf mehrere Individuen einer Gruppe verteilt sind und über die Lehre an die nächste Generation weiter geben werden. Mit der Ausweitung der Natur auf die Kultur und vor allem mit der Erfindung von alternativen Datenspeichern durch den Menschen nimmt der Umfang der bedeutungstragenden Informationen noch einmal um Größenordnungen zu. Aber das Leben bleibt abhängig von seiner physischen Natur. Nun aber taucht eine neue Form der Intelligenz auf, die fast körperlos sich letztlich als reine Information zu erkennen gibt. Unter dem Blickwinkel der Information erscheint die Künstliche Intelligenz eine logische Fortsetzung der Evolution des Lebens.

Das Buch des Lebens

Aber nach diesem Ausblick in die Zukunft zurück zur Vergangenheit und zum geheimnisvollen Muster. Schauen wir uns das mit der Replikation nun genauer an: Eine allgemein anerkannte Eigenschaft von Informationsübertragung ist, dass sie eine Veränderung im empfangenden System hervorruft. Informationsübertragung ist eine Formübertragung, die etwas, was eine bestimmte Form aufweist, in eine andere „Form" überführt, zum Beispiel den Spin eines Elektrons von linksdrehend zu rechtsdrehend. Die Selbstbezüglichkeit führt uns nun zu der besonderen Klasse von Informationsübertragungen: der Replikation. Eine Information generiert in ihrer Umwelt eine identische Abbildung dadurch, dass sie selbst die Kopiervorschrift darstellt. Selbstreferenz oder Replikation aus dem Hintergrund des immerwährenden Informationsrauschens des Universums herauszuheben, schafft uns auf elegante Weise den Übergang von der Physik zur Evolution: Denn die Biologie ist der Ort, wo wir die Meister der Replikation finden, die Gene. Vererbung ist, nach dem Sender-Empfänger-Model von Shannon & Weaver, im Idealfall eine „gelungene Kommunikation": *Die Kommunikation kann als erfolgreich gewertet werden, wenn die gesendete Nachricht mit der empfangenen identisch ist.* (wikipedia 03).
Moleküle haben eine gewisse Form und tragen damit eine bestimmte Information. Irgendwann hat sich auf der Erde etwas ganz Besonderes herausgebildet, vielleicht ist es ein RNS-Molekül. Dieses (vermutliche) RNS-Molekül besitzt die Fähigkeit, Informationen auf seine Umwelt in der Art zu übertragen, dass als chemische Reaktion am Ende wieder dieselbe Information steht, nämlich die Form des Ursprungsmoleküls. Der belgische Biochemiker

Christian de Duve nennt es den „Anbruch des Zeitalters der Information", als sich dieses besondere informationstragende Molekül auf der Erde ausbreitet. Es setzt *die neuen Vorgänge der Darwinistischen Evolution und der natürlichen Selektion in Gang.* (de Duve 2008, S. 74). Ich würde an dieser Stelle sagen, es ist der Anbruch des „Zeitalters der bedeutungstragenden Information". Und noch etwas ist an dieser Entwicklung bemerkenswert, denn sie macht die Idee von John Wheeler greifbar: Nicht die Materie an sich, sondern erst die Information, die in dem RNS- oder DNS-Molekül hinterlegt ist, erschafft die Wirklichkeit des Lebens: „it from bit!"

Dass ein komplexes Molekül lange existiert, ist nach dem zweiten Hauptsatz der Thermodynamik, dem Gesetz über die Entropie eigentlich unmöglich: Alles geht irgendwann kaputt. In der Biologie nennen wir es den Tod. Der geniale Trick der RNS und später der DNA besteht nun darin, eine bestimmte Information zu bewahren, indem sie sich eine Kopie ihrer selbst erschafft, ehe sie dem Vergessen anheimfällt. Das gelingt natürlich um so besser, je mehr die DNA auf die Neubildung der Replikation Einfluss ausüben kann. Das RNS- Molekül trägt nicht nur die Informationen über den eigenen Aufbau, sondern kommuniziert diese Informationen auch in seine Umwelt. Das kann nur gelingen, weil die Informationen so an die Umwelt angepasst sind, dass sie verstanden und in den Bau chemischer Substanzen umgesetzt werden können. Wir sehen bereits auf dieser Stufe des Lebens, wie eng Organismen und Umwelt zusammenhängen: Wenn die Umwelt keine entsprechenden Materialien zur Verfügung stellt, ist auch keine Replikation möglich. Ein nächster Schritt hin zum Lebendigen ist es, die direkte Umwelt der RNS oder DNA in eine Hülle einzuschließen, in der eine gesicherte Umgebung für ihre Replikation vorherrscht. Zellen sind bis heute die Grundstruktur aller Lebewesen. Wir können diesen Akt der Zellbildung als erst Kulturleistung der DNA ansehen, wir sehen hier das erste Mal die machtvolle Strategie am Werk, die Umwelt zum eigenen Nutzen umzugestalten: Die DNA verändert ihre unmittelbare Umgebung zu ihrem Vorteil hin, indem sie sich eine Schutzhülle erzeugt. So wie ein Vogel sich eine Bruthöhle, der Mensch sich seine Behausungen baut, so schafft sich die DNA eine eigene kleine, abgeschlossene Umwelt, in der sie geschützt ist und gedeihen kann. – So gesehen gehören Natur und Kultur von Anfang an zusammen.

Gene codieren Proteine. Aus der Struktur des einzelnen Gens ergibt sich in der Umwelt einer Zelle, dass sich über eine Abfolge von einzelnen Schritten sich Moleküle zu einem vorherbestimmten Muster anordnen, eben dem codierten Protein. Das ist zwar keine Replikation, aber es ist ein Schritt auf dem Weg dahin. Das Protein als Struktur oder Muster trägt wiederum bestimmte „Informationen". Auch diese Informationen werden kommuniziert und führen dazu, dass bestimmte chemische oder elektrische Vorgänge ausgelöst werden. Am Ende dieser Kette von Informationsübertragungen steht dann wieder das Ursprungsmolekül – die DNA. Die Replikation der DNA kann über beliebig viele Zwischenstationen verlaufen, bleibt aber auf allen Stufen der Informationsübertragung das wesentliche Ziel. Noch später in der Entwicklung des Lebens schaffen Gene sich erst über den langen Umweg eines von ihnen gebildeten Körpers eine Kopie ihrer selbst: So wird das Huhn für das Ei zur Notwendigkeit, um eine Kopie des Eis hervorzubringen.

Alles Leben entsteht aus seiner DNA und wird als DNA weiter gegeben. Dawkins nennt alles, was dazwischen ist, ein „Vehikel" zum Zwecke des Überdauerns unserer DNA, insbesondere den Körper eines Lebewesens. Die „Absicht" der Gene sei, sich zu replizieren. Es gehe ihnen um das Anfertigen von Kopien nach dem eigenen Vorbild.

Wir können also bis hierher zusammenfassen: Leben lässt sich als ein Algorithmus beschreiben, der selbstorganisiert ein bestimmtes Informationsmuster repliziert. Die Gesamtheit aller Informationsübertragungen, die die Organismen auf der Erde benötigen, um sich schließlich selbst zu replizieren, diese Gesamtheit der Biosphäre ist das „Buch des Lebens". Alle Zwischenstationen einer Replikation sind bedeutungstragende Informationen. Ihre Bedeutung liegt darin, für den Erhalt des Lebens zu sorgen und dafür, dass es sich immer und immer wieder erneuern kann. Läuft etwas aus dem Ruder, zum Beispiel, wenn der Organismus abstirbt, zerfällt der Körper in eine bedeutungslose molekulare Anordnung und wird bestenfalls zu Rohmaterial für eine neue Runde der Evolution.

Auf unserem Körper mag der Fluch Gottes lasten: *„Im Schweiße deines Angesichts wirst du (dein) Brot essen, bis du zurückkehrst zum Erdboden, denn von ihm bist du genommen. Denn Staub bist du, und zum Staub wirst du zurückkehren!"* (1.Mose3.19, Elberfelder Bibel) Das DNA-Molekül aber trotzt dem göttlichen Fluch, es entzieht sich dem Kreislauf des Lebens aus Werden und Vergehen, es wiedersetzt sich dem Gesetz über die Entropie und gibt sein geordnetes Dasein von Generation zu Generation weiter. Allerdings nicht in Perfektion! Die Entropie wäre nicht die Entropie, wenn sie bei diesem Spiel nicht auch ihre Finger mit im Spiel hätte. Aebr davon gleich erst mehr.

Schach

Verdeutlichen wir uns einen Aspekt von „bedeutungstragenden Informationen" zunächst noch einmal am Beispiel des Schachspiels. Es gibt eine endliche Anzahl an Feldern, Figuren und Regeln, die bestimmen, in welchem Zustand das Spiel ist und welche Züge als Nächstes möglich sind. Die Stellung des Königs auf dem Schachbrett hat - für sich allein genommen - keinerlei Bedeutung. Auch jede Bewegung des Königs auf dem Brett beinhaltet nicht mehr Information, als dass wir physikalisch Ort und Impuls bestimmen können. Bedeutung erhält die Position und die Bewegung des Königs auf dem Brett erst dadurch, dass die einzelnen Spielzüge die Regeln des Schachspiels widerspiegeln. Das ändert sich nicht von der Anfangsstellung bis zum Ende des Spiels – jeder Zug auf dem Schachbrett erlangt seine Bedeutung erst im Abgleich mit den Feldern und Figuren, also mit den aktuellen Umweltbedingungen und den Regeln. Das Schachspiel kennt nur ein Ziel: Schachmatt. Würde sich der Turm wie der Läufer bewegen, Bauern plötzlich beliebig viele Felder vorwärts gehen können und das Spiel auch ohne König weiterlaufen, würde das gesamte Spiel seinen Sinn verlieren und wir würden solchen Zügen keinerlei Bedeutung mehr zumessen. Schachzüge erlangen ihre Bedeutung in Hinblick auf das Ziel des Spiels. Ähnlich können wir das Spiel des Lebens interpretieren: Ziel des Spiels ist, solange zu überleben, bis man Nachkommen hervorgebracht hat. Informationen sind bedeutungsvoll, wenn sie dem Ziel dienen, die Reproduktion der Gene zu ermöglichen. Diesem Ziel untergeordnet sind alle Informationen, die in irgendeiner Art eine Relevanz für das Projekt „Replikation der Gene" liefern. Auch wenn dieser Informationsraum beliebig anwachsen kann, er umfasst bei uns Menschen auch unsere gesamte Gedankenwelt, so ist das immer noch eine verschwindend kleine Teilmenge der Informationen, die das Universum beinhaltet.

Selbstbezug

Am Anfang des Lebens war das Wort, geschrieben in chemischer Notation, möglicher Weise in der Form eines RNS-Moleküls: „Kopiere diese Kopiervorschrift." Diese Selbstbezüglichkeit ist nicht nur der Kern des genetischen Codes, sondern auch unser Denken basiert zu großen Teilen auf dem Abgleich mit vorhandenen Mustern oder Informationen. Schon der deutsche Kirchenrechtler, Philosoph und Kardinal Nikolaus von Cues stellt heraus: Es sei grundsätzlich unmöglich, voraussetzungslos zu denken. Vielmehr sei Erkenntnis jeweils auf etwas bezogen, das stillschweigend oder ausdrücklich schon als bekannt vorausgesetzt sei. Unser Gehirn hat dieses Problem z.B. auf der Stufe des Erkennens von Gegenständen. „Sehen" ist, wie der Ingenieur sagen würde, ein „schlecht formuliertes Problem": Wir müssen bereits wissen, was wir sehen, um einen Gegenstand „sehen" zu können. Wir sehen eine Katze, weil wir wissen, wie eine Katze aussieht. Wenn wir nicht wissen, wie eine Katze aussieht, sehen wir vielleicht zumindest ein Tier – aber nur, wenn wir wissen, wie ein Tier aussieht! Veranschaulichen können wir uns das am Beispiel eines berühmten Vexierbildes: Einmal sehen wir zwei in der Mitte gespiegelte Gesichter im Profil, das andre Mal eine Vase, je nachdem, ob wir dem Äußeren (Gesichter) oder dem Inneren (Vase) des Bildes Bedeutung zumessen.

Und auch unser Bewusstsein entsteht vermutlich dadurch, dass sich das Gehirn selbst wahrnimmt, und damit ist unser „Ich" ein weiteres Beispiel für Selbstbezüglichkeit.

Replikation und Umwelt

Äußere Reize wie Licht, Wärme, stoffwechselrelevante chemische Verbindungen oder Toxizität sind wichtige bedeutungstragende Umweltinformationen für das Überleben. Einer Vermutung nach entwickelt sich das Leben auf der Erde an vulkanischen unterseeischen sogenannten „Black Smokern". Diese hydrothermalen Quellen bieten einen ganz eigenen Lebensraum mit einem extremen chemischen Milieu, hohen Druckverhältnissen und einem sehr hohen Temperaturgradienten. Gerade Letzteres stellt eine besondere Anforderung für die Organismen dar, die sich dort entwickelt haben. Zu nah an der heißen Quelle zu sein, bedeutet den Hitzetod; bei zu großem Abstand von der Quelle ändert sich das chemische Milieu so radikal, dass für die spezialisierten Organismen die Stoffwechselversorgung zusammenbricht. Die Organismen müssen sich also in einer ganz bestimmten Entfernung zur hydrothermalen Quelle aufhalten. Dazu benötigen sie chemische und temperaturempfindliche Rezeptoren. Bedeutungstragende Informationen sind in diesem Fall diejenigen physikalischen Umweltinformationen, die die Temperatur anzeigen, und solche, die z.B. den pH-Wert des Wassers signalisieren. Sie tragen Bedeutung, weil sie wesentlich zum Überleben beitragen, und das ist die Voraussetzung für eine mögliche Replikation des Lebewesens.

Im Laufe der Evolution werden wichtige physikalische Parameter der Umwelt in den Genen abgelegt, z.B. dort, wo ein Fisch stromlinienförmig gestaltet ist, oder wo die Knochen eines Vogels stabil und leicht gebaut sind, dass der Vogel der Schwerkraft ein Schnippchen schlagen kann.

Replikation und Verhalten

Was einen Organismus auszeichnet, ist, dass er adäquat auf seine Umwelt reagieren kann. Verhaltenssteuerung ist auf der untersten Stufe rein chemisch zu verstehen. Gene steuern das Verhalten bestimmter Moleküle in ihrer Zelle, damit diese in vorgegebener Art und Weise z.B. ein Protein herstellen. Das Verhalten von bestimmten Substanzen kann auf einer komplexeren Stufe dazu führen, dass elektrochemische Reaktionen in Bewegungen umgesetzt werden, z.B., indem sich Muskelfasern zusammenziehen. Sensoren können elektrochemische Signale senden, sodass eine gerichtete Bewegung entsteht.

Vermutlich im Kambrium, oder vielleicht auch etwas früher geschehen, bilden Zellen Kommunikationsproteine in ihrer Membranhülle aus. Diese ermöglichen ihnen, sich im Verbund zu organisieren, eine notwendige Voraussetzung bei der Entwicklung von Vielzellern. Ein weiterer Schritt ist die Entwicklung zu reinen Nervenzellen. Der Zusammenschluss solcher Zellen zu neuronalen Netzen macht die Verarbeitung von Umweltreizen effektiver und flexibler und revolutioniert so die Verhaltenssteuerung.

Sobald ein Organismus eine Wahl zwischen verschiedenen Handlungsoptionen treffen kann, sollte er diese Optionen bewerten können. Alle Lebewesen interpretieren, antrainiert von der Evolution, Umweltreize in Hinsicht auf Daseinserhalt, Partnersuche und gegebenenfalls Brutpflege – sie geben diesen Informationen eine Bedeutung in Bezug auf diese Themen. Und all das dient dazu, das Ursprungsmuster, nämlich das Genom des Lebewesens, zu reproduzieren. Es ist eine Auswahl von Informationen aus unendlich vielen Möglichkeiten. Nur ganz bestimmte „bedeutungsvolle" Informationen aus der Umwelt werden von einfachen Lebewesen, wie z.B. den Insekten mit ihren einfachen neuronalen Netzen, ausgewertet. In einem Fliegenhirn schicken zwei Nervenzellen in unterschiedlichen Bereichen des Sehfeldes ihre Informationen an eine weitere Nervenzelle. Kommt eines der beiden Signale früher oder später an, wird diese Verzögerung registriert und als Bewegung des betrachteten Objektes interpretiert (Takemura et al. 2013). Die Bewegung der Fliegenklatsche wird erkannt, die Fliege entkommt.

Die Bedeutung von Informationen

Wie wir sehen, können wir aus dem unendlichen Ozean der Informationen bestimmte Informationen hervorheben, denen wir eine Bedeutung zuordnen. Letztlich beantwortet das die Frage nach dem Sinn des Lebens, soweit er ergründbar ist. Für den Verhaltensphysiologen der Uni Bremen, Gerhart Roth, hat unser Gehirn unterschiedliche Hauptfunktionen: Die zwei grundlegenden sind die Aufrechterhaltung der lebenserhaltenden Systeme wie Herz und Kreislauf und die Steuerung der Bewegungen des Körpers. Dazu kommen die Wahrnehmung, die emotionale Bewertung und die eher unwillkürliche Verhaltenssteuerung. Dann übernimmt das Gehirn die kognitive Bewertung und die Kommunikation über Sprache und schließlich die Handlungsplanung und –steuerung. *Dies alles hat erst einmal den individuellen Zweck, dass wir am Leben bleiben, und den überindividuellen Zweck, dass wir in die Lage versetzt werden, uns fortzupflanzen, damit Menschen geboren werden, die dann dasselbe tun [...]. Welche fantastischen Dinge die Menschen auch immer tun, sie sind alle direkt oder indirekt in diesen Kreislauf eingebettet.* (Roth 2008, S. 53).
Bernard Shaw soll den Darwinismus mit seinem „blinden Zufall" als erbarmungslosen Schnitter bezeichnet haben, der als alleiniger Urgrund alles wahllos dahinrafft, was nicht das Glück hat, *im allgemeinen Kampf um Sinnlosigkeit zu überleben.* (Dawkins 2018, S. 180). Und in der Tat klingt es sehr biologistisch und gefühlskalt, in der Reproduktion den einzigen Sinn des Lebens zu sehen. Aber es ist unabweisbar, dass der Lebenszweck aller Organismen vor uns auf dieser Welt genau darin lag: Nachkommen in die Welt zu setzen, die wiederum Nachkommen

haben. Die Augen vor dieser Tatsache zu verschließen, hieße frei nach Shaw, nicht nur sinnlos zu leben, sondern überdies auch dumm zu sterben.

Aber in Wirklichkeit ist dieser Lebenssinn auch für uns Menschen annehmbar, wenn wir uns daran erinnern, dass die Liebe zu einem anderen Menschen und zu unseren Kindern zum Wertvollsten gehört, was unser Dasein bestimmt. Und genau diese beiden Aspekte des Lebens sind unmittelbare Folgen des universellen Auftrags der Evolution: *„Seiet fruchtbar und mehret euch!"* (1.Mose1.28, Elberfelder Bibel 1905). Es sind dies auch die ersten Worte, die Gott (der mosaischen Religionen) an die Menschen richtet. Gott gibt ihnen denselben Auftrag, wie ihn uns die Evolution vorgibt und so sollte dieser Aspekts auch für Juden, Christen und Moslems tragbar sein.

Und anders herum betrachtet wird es fast noch klarer: Ein Lebewesen (A), dass nicht alle seine Energien darauf richtet, Nachkommen zu haben, wird gegenüber einem Lebewesen (B), dass alle seine Ressourcen genau dafür einsetzt, aus Sicht der Evolution das Nachsehen haben und auf die Dauer wird sich die Vererbungslinie B und die darin codierten Verhaltensweisen durchsetzen.

Mit der hier im Folgenden zu entwickelnden Theorie der „Softgene" werden wir darüber hinaus sehen, dass es bei Menschen nicht nur auf die Vererbung seiner Gene ankommt, sondern auch auf seine Beiträge zur kulturellen Entwicklung. Der Mensch gibt nicht nur seine Gene, sondern auch seinen Beitrag zur Kultur weiter. Eine herausragende Tat kann einen Menschen ewigen Ruhm bescheren, eine wegweisende Erfindung ihn unsterblich machen. Aber damit ändert sich nichts Grundlegendes: Informationen haben ihre Bedeutung stets im Kontext der Evolution des Menschen und seiner Gemeinschaft.

Kopierfehler

Eng verwoben mit dem „Sinn des Lebens" ist natürlich auch die Frage: „Mensch, wer bist Du"? Darauf gibt es nun eine niederschmetternde Antwort! Wenn ein Kopiervorgang oft wiederholt wird, schleichen sich unweigerlich Fehler ein. Wie erwähnt, lässt sich die Entropie nicht ganz aus der Sache heraushalten. Das DNA-Molekül wird nicht nur immer wieder erneuert, sondern wird durch kleine Fehler, die sich beim kopieren ergeben, immer wieder variiert. Der Witz dabei ist: Ohne dieses stete Eingreifen der Entropie, alles kaputt machen zu wollen, gäbe es auch keine Evolution. Denn erst die Entropie schafft Varianten. Die Reproduktion eines Musters, die Identität, ist nicht notwendig das Optimum, wenn nur eine begrenzte Anzahl von Kopien hergestellt werden können, die um Ressourcen aus der Umwelt konkurrieren. Manchmal haben ungenaue Kopien, die aber besser die Ressourcen nutzen, einen Vorteil und auf die Dauer werden sich diese „verbesserten" Kopien durchsetzten. Ironischer Weise ist die Vielfalt des Lebens, wir Menschen eingeschlossen, zunächst also nichts anderes als eine Ansammlung von Kopierfehlern. Philosophisch betrachtet ist dies zweifellos eine weitere dramatische Kränkung des menschlichen Selbstbewusstseins nach der kosmologischen Kränkung durch Kepler, nicht im Mittelpunkt des Universums zu stehen, der biologischen Kränkung durch Darwin, nicht gottgeschaffen sondern Abkömmling affenähnlicher Tiere zu sein und der psychologischen Kränkung durch Freud, vom Unterbewusstsein dominiert zu werden. Nun also hier die informationstechnologische Kränkung: Der Mensch ist eine Summe von Kopierfehlern. – Ein Trost: Immerhin wurden bei den Kopierfehlern diejenigen selektiert, die zur Optimierung der Replikation beitrugen.

Die Evolution hat allmählich durch kleine zufällige Veränderungen (Mutationen) und durch die Auswahl bestimmter Mutationen (Selektion), einen anwachsenden Pool von ganz spezifischen Anordnungen chemischer Moleküle geschaffen. Der Genpool der Erde beinhaltet das Buch des Lebens; es umfasst alle Informationen, die nötig sind, das Leben wieder und wieder zu replizieren. Dieser Informationspool ist notwendig, aber, wie wir noch sehen werden, nicht hinreichend. Denn bei komplexeren Organismen werden Informationen nicht nur über die DNA an die nächste Generationen weitergegeben.

Bedeutung beurteilen

Alles, was ist, ist dem allmählichen Verfall ausgeliefert. Damit muss auch die Erbinformationen, also die DNA und ihre damit verbundenen Funktionalität aktiv erhalten werden. Es muss dabei in erster Linie eine Auswahl (Selektion) gegen offensichtlich nachteilige Mutationen geben. Aber parallel dazu findet eine Selektion vorteilhafter Veränderungen statt. Mit der Selektion der günstigsten Mutationen stieg die DNA durch graduelle Veränderungen auf der Leiter der Komplexität immer weiter hinauf.

Und hier ist nun der nächste entscheidende Punkt: Eine Wahl nach bestimmten Kriterien, wie z.B. der Fitness, ist eine Bewertung! Der Wert einer Information bemisst sich daran, ob sie in Bezug auf das Überleben und auf den reproduktiven Erfolg entweder nützlich, hinderlich oder irrelevant ist. Damit ergibt sich für die „Bedeutung einer Information" eine bessere Umschreibung: Bedeutung meint, einer Information eine Bewertung oder ein Urteil zuzumessen. Mit dem Darwinistischen Algorithmus der Variation und Selektion bekommen Informationen eine Bewertung: Etwas ist gut oder schlecht für einen bestimmten Zweck. Und so ist auch das menschliche Gehirn im Wesentlichen damit beschäftigt, die in diesem Sinne bedeutungsvollen Informationen aus der Umwelt herauszufiltern, diese zu verarbeiten, sie zu bewerten und in Handlungsoptionen umzusetzen. Die Evolution hat dabei schon vorsortiert, sie hat uns dafür nur ein beschränktes, notwendiges Arsenal an Sinnen mitgegeben. Unsere Welt besteht nur aus den Informationen, die wir aufnehmen und verarbeiten können. Die dahinter liegende „Realität" entzieht sich unseren Sinnen oder besteht - nach John Wheeler - lediglich aus Informationen, die sich für uns zu einer Realität verdichten, wir kenne das jetzt schon: „it from bit. Die eigentliche „Wirklichkeit" entzieht sich unseren Sinnen und unserem Denken.

Wir können nur ein gewisses Spektrum an elektromagnetischen Wellen detektieren – das für uns „sichtbare" Licht. Für infrarotes oder ultraviolettes Licht sind wir blind. Wir haben kein „Gehör" für Radiowellen und keinen so feinen Geruchssinn wie Ratten oder Hunde. Die Botschaften, die von diesen beschränkten Sinnen ans Gehirn weitergeleitet werden, werden zusätzlich unbewusst gefiltert und nur einige, als relevant eingestufte Informationen dringen in das Bewusstsein. Eine Bedeutung wird den Informationen letztlich auch durch die kognitive Verarbeitung gegeben.

Ein gutes Beispiel dafür ist das „Absichern der Umgebung". Menschen blicken in regelmäßigen Abständen auf, tasten ihre Umgebung unbewusst ab, sie „überprüfen ihre Sicherheit" (Eibl-Eibesfeldt 1997, S. 166). Das menschliche Sehsystem wertet die einfallenden Bilder in Bezug auf Fressfeinde, Artgenossen oder verdächtige Bewegungen aus und registriert dabei jede auf uns gerichtete Aufmerksamkeit. Wir fühlen, dass uns jemand beobachtet, noch ehe wir wirklich bewusst bemerken, dass es wirklich so ist. Wenn das Unterbewusstsein eine Gefahr vermutet, veranlasst es uns, noch einmal in die Richtung der Bedrohung zu sehen, und erst dann wird das Bewusstsein zugeschaltet. Denn der auf uns gerichtete Blick kann für uns bedeutungsvoll sein, besonders, wenn die Augen zu einer größeren Raubkatze gehören. Das Zwitschern der Vögel ignorieren wir dagegen, wenn wir in einem Gespräch vertieft sind, unser Unterbewusstsein blendet diese Informationen als irrelevant aus. Umgangs-sprachlich drücken wir das aus, wenn wir von der platzenden Currywurst in China sprechen – Dinge, die uns nichts angehen, haben für uns auch keine Bedeutung. Maßgeblich für uns sind nur die Dinge, die für unser Leben und das Überleben der Art wichtig sind.

Bewertung durch Gefühle

Ein Gedächtnis, in dem wir Erinnerungen sammeln, wäre überflüssig, wenn wir das Erlebte nicht dafür verwenden könnten, unsere zukünftigen Handlungen zu planen. Dafür ist es notwendig, Erfahrungen zu bewerten. Das gilt natürlich auch schon für Tiere. Ob etwas gut oder schlecht für den Auftrag ist, den die Evolution zugewiesen hat, entscheiden Tier wie Mensch letztlich über Gefühle.

Seit die Neurowissenschaften mittels neuer Methoden, Gehirnprozesse untersuchen kann, zeigen vergleichende Untersuchungen von tierischen und menschlichen Gehirnen, dass die Areale, in denen Gefühle verarbeitet werden, relativ „alte" Strukturen sind, die wir mindestens mit allen übrigen Säugetierarten teilen. Und mehr: *Diese Hirn-Areale scheinen bei allen Säugetieren auch die gleichen Aufgaben zu erfüllen. Das heißt, die Teile des Gehirns, die beim Menschen in bedrohlichen (oder erfreulichen) Situationen aktiv sind, sind in entsprechenden Situationen auch bei anderen Säugetieren aktiv. [...].Wir finden auch bei ihnen entsprechende*

Veränderungen des Verhaltens, der Handlungsbereitschaft, der (Neuro-)Physiologie und der Kognition. (Kästner 2020).

Unser Gefühlshaushalt ist die Quintessenz unserer gesamten stammesgeschichtlichen Entwicklung. Sie spiegeln die Erfolge und Misserfolge aller Generationen vor uns als Werturteile wieder und mit diesem Erbe bewerten wir unsere individuellen Erfahrungen.

Wir speichern nicht nur, was wir erlebt haben, sondern auch, wie wir es erlebt haben. Erfahrungen werden beurteilt nach erfolgreich, vorteilhaft oder lustvoll, oder aber nach erfolglos, nachteilig oder unangenehm-schmerzhaft. Das Ergebnis der Beurteilung wird im emotionalen Erfahrungsgedächtnis gespeichert und dient als Grundlage unserer zukünftigen Entscheidungen. Wenn wir in einem Restaurant gespeist haben, erinnern wir uns später nicht nur daran, dass wir dort gewesen sind, sondern auch, wie gut es uns geschmeckt hat. War es lecker, werden wir versuchen, dort wieder zu essen, war es ein Flop, sieht uns das Restaurant vermutlich nie wieder. Nur die empfundenen Gefühle erlauben uns überhaupt, Erinnerungen nutzbringend zu verarbeiten. Insgesamt gilt: Die Zuschreibung von Bedeutung ist für uns Menschen nicht beliebig, sondern wird ganz überwiegend über unsere Gefühle vermittelt und ist an die Nützlichkeit im Sinne der Evolution gebunden. Gefühle können wir nicht lernen und wir teilen sie mehr oder weniger mit allen anderen Menschen und die meisten wahrscheinlich auch mit unseren nahen Verwandten im Tierreich.

Lust und Leid

Mit einem bisschen Nachdenken erschließt sich die volle Tragweite der hier vorgestellten Idee: Wir benötigen nur ein Muster und eine dazu passende

Umwelt. Die Selbstorganisation der Materie übernimmt den Rest, angetrieben von den vier fundamentalen physikalischen Wechselwirkungen: Der starken und der schwachen Wechselwirkung, der elektromagnetischen Wechselwirkung und der Gravitation. Dabei wird das Gesetz der Entropie dadurch ausgehebelt, dass die Reproduktion der DNA mindestens genauso schnell abläuft, wie ihr Zerfall. Alte DNA zerfällt, während neue sich schon gebildet hat. Da Kopien selten ganz genau sind, ergeben sich immer wieder Variationen des Ursprungsmoleküls, was über eine Selektion vorteilhafter „Kopierfehler" zu immer höherer Komplexität der DNA führt. Neben körperlichen Merkmalen werden bei komplexen Organismen auch Handlungsoptionen selektiert. Diese Selektionsrichtlinien werden als Gefühlsanlagen vererbt. Der wichtigste Evolutionsmotor wird durch Sexualität und Fortpflanzung angetrieben und daher sind unsere Gefühle rund um diese Reproduktionsmechanismen die stärksten.

Unsere verschiedenen Gefühle sind die Quintessenz unserer gesamten stammesgeschichtlichen Entwicklung. Insbesondere dienen wir alle denselben beiden Herren Lust und Leid. Bedeutung schreiben wir einer Information zu, wenn sie in irgendeiner Weise fitnessrelevant im Sinne der Evolution ist. Bedeutung meint die positive oder negative Bewertungen, die vor allem über Gefühle vermittelt werden. Diese bedeutungstragenden Informationen sind entweder genetisch fixiert, werden von den Eltern oder der Gemeinschaft vermittelt oder individuell durch Erfahrungen erlernt. Lust und Leid sind die Tools, über die unsere Handlungen gesteuert werden. Sie beziehen sich auf das Individuum. Und daraus ergibt sich eine weitere Folgerung von großer Tragweite.

Gut und Böse

Ein einzelner Schimpanse, so soll es ein Primatenforscher einmal ausgedrückt haben, ist gar kein Schimpanse. Dies gilt für Menschen in noch weit größerem Maße: Wirklich Mensch sind wir Menschen erst in der Gemeinschaft anderer Menschen. Ein trauriges Beispiel dafür ist der Fall des Kaspar Hauser. Kaspar Hauser tauchte als „rätselhafter Findling" am 26. Mai 1828 in Nürnberg als etwa 16-jähriger, geistig anscheinend zurückgebliebener und wenig redender Jugendlicher auf. Er war, nach eigenen Angaben, solange er denken könne, bei Wasser und Brot immer ganz allein in einem dunklen Raum gefangen gehalten worden (wikipedia 06). Auch wenn seine Geschichte so wohl nicht stimmte, wurde diese tragische Figur namensgebend für das „Kaspar-Hauser-Syndrom". Es bezeichnet die negativen körperlichen und geistigen Folgen einer sozialen Isolation bzw. entzogenen Liebe in Verbindung mit Misshandlungen, mangelnder Pflege oder Vernachlässigung (Stangl, 2023).

Ein Mensch kann ohne menschliche Gemeinschaft nicht heranwachsen und nur schwerlich allein überleben. Denn im Laufe der Menschwerdung wurden andere Menschen zum notwendigen und dominierenden Merkmal der menschlichen Umwelt. Der Körper des Menschen hat sich z.B. durch den aufrechten Gang, den opponierbaren Daumen oder die genetisch fixierte Laktosetoleranz an kulturell bedingte Umweltbedingungen angepasst. Mit der von Menschen dominierten Umwelt muss auch der menschliche Geist erhebliche Veränderungen erfahren, die zwar weniger offensichtlich, aber ebenso tiefgreifend sind. Auf diese Anpassung an die menschliche Umwelt, die sich ebenso wie die physiognomischen Merkmale genetisch im Erbgut des Menschen wiederfinden, werde ich später zurückkommen.

Neben Lust und Leid für den individuellen Kompass der Handlungssteuerung benötigt ein Mensch für den Umgang mit anderen Menschen vergleichbare Kriterien der Bewertung. Ehe der Mensch Mensch wurde, muss er daher von dem Baum der Erkenntnis des Guten und des Bösen essen (1.Mose2.17, Elberfelder Bibel 1905). Dafür wird er zwar von Gott aus dem Paradies geworfen, aber auf diesen Kategorien „Gut" und „Böse" fußen unsere Bewertungen nach moralischen Standards. Ohne die Entwicklung der Moral, ohne die Erkenntnis, was in einer Gemeinschaft „gut" oder „böse" ist, wäre der Mensch nicht Mensch geworden. Und nur in einer Gemeinschaft ist es überhaupt möglich, komplexere Kulturbausteine zu entwickeln.

Gene und Meme als Informationsträger

Wir kennen nun die grundlegenden Bausteine, die „Axiome", die uns widerspruchsfrei und logisch zu unserer menschlichen Existenz führen: Das feinsinnige Design der physikalischen Kräfte befähigt eine bestimmte Anordnung von Atomen, in einer geeigneten Umwelt eine Kopie ihrer selbst herzustellen. Wir können den zweiten Hauptsatzes der Thermodynamik damit in Verbindung bringen: da alles zu größter Unordnung hin strebt, (wenn man nicht Energie zuführt), ergeben sich auch bei Kopiervorgängen immer wieder Fehler. Diese Fehler führen in seltenen Fällen dazu, dass die Kopiervorgänge nicht scheitern, sondern zu Verbesserungen führen. Über die Jahrmillionen entstehen so zunächst einfache Lebewesen wie Bakterien, später dann Tiere und Pflanzen und schließlich auch der Mensch. Über schier unendlich viele Kopiervorgänge hinweg ist so alles mit allem verwandt, jeder von uns kann seine Vorfahren bis auf LUCA (Last Universal Common/Cellular Ancestor) zurückführen. Anders herum haben wir nur Vorfahren, denen es gelang, Nachfahren in die Welt zu setzen – es ist diese Eigenschaft, den Stab im Staffellauf des Lebens erfolgreich an die nächste Generation weiter gegeben zu haben, die das Leben auf dieser Erde kennzeichnet. Zentral für die Staffelübergabe sind zunächst einmal die Gene.

Gene sind Informationsspeicher und auch die „DNA der Kultur" besteht aus Informationsträgern: Aus menschlichen Erinnerungen, Schrift, elektronischen Speichermedien usw. Die menschliche Kultur baut auf dem gewaltigen Pool der Unterweisungen auf, die von unseren Vorfahren zusammengetragen und durch Lernvorgänge vermittelt werden, auf Tontafeln eingeritzt und in Büchern niedergeschrieben sind und heute über das Internet weltweit verbreitet werden. Dieser Wissensschatz wird von uns stetig weiter vergrößert. – Nähern wir uns nun endgültig diesen Kulturbausteinen als zweiten Gleis der Evolution.

Dawkins egoistische Gene

Richard Dawkins, sicherlich einer der einflussreichsten Biologen unserer Zeit, schlug als einer der Ersten eine Theorie der Entwicklung unserer Kultur in Anlehnung an die biologische Vererbungslehre vor. Seine Kulturbausteine nannte er, in phonetischer Anlehnung an den Begriff „Gene", „Meme". Im Spiegel dieser Hypothese werde ich im Folgenden eine verbesserte Theorie vorschlagen, wobei ich die „Meme" zur besseren Unterscheidung in „Softgene" umbenennen werde. Ich verwende diesen Begriff im Sinne einer kulturellen Evolution, die auf die Entwicklung von Kulturbausteinen ähnlich einwirkt wie die biologische Evolution auf die Gene.

Dawkins postuliert in seinem 1976 erschienenen Werk „Das egoistische Gen": die Selektionseinheit, nach der selektiert werde, sei nicht das Lebewesen oder die ganze Art, sie sei wesentlich elementarer, nämlich auf der Ebene der Gene zu suchen. Denn das sei der Ort, wo immer wieder kleine Abweichungen, die Mutationen auftreten. Zudem seien es die Gene, die durch den elterlichen sexuelle Akt neu gemischt werden. Diese Mutationen und Rekombinationen sind einer Selektion unterworfen. Es werden nachteilige Gene entfernt und nützliche bevorzugt. Erst später im Buch und eher nebenbei führt Dawkins schließlich als Analogie zu den Genen seine Theorie über die Meme ein. Hier zunächst einiges über die „egoistischen Gene", wie Dawkins sie beschreibt:

Dawkins verweist darauf, dass der grundlegende Antrieb der Gene „Egoismus" sei. Menschen und alle anderen Lebewesen würden das Schicksal teilen, durch Gene geschaffene, von ihnen gesteuerte Vehikel zu sein. Gewissermaßen als Fruchtkörper der Gene kämpften sie einen Stellvertreterkrieg des Überlebens, der in Wirklichkeit nur dem Überleben der Gene diene, die skrupellos ihre egoistischen Ziele verfolgen. Der Organismus sterbe, die Gene, die auf der Keimbahn von den Eltern zu den Nachkommen reisen, überlebten – bei geschlechtlicher Vermehrung immerhin zu 50 Prozent eines beteiligten Lebewesens. Evolution sei die Evolution der Gene.

Dawkins bereichert durch diese Ansicht die Diskussion über die Evolution enorm, weil durch Kopierfehler oder durch äußere Einflüsse, wie z.B. radioaktive Strahlung, einzelne Allele ändert. Ist diese Mutation vorteilhaft, kann sich die Veränderung an dieser Stelle im Genom in einer Population ausbreiten.

Allerdings ist das Problem nicht ganz so einfach. Schon auf der Ebene der Gene ist die Sache kompliziert genug: Es können einzelne Basen an bestimmten Positionen ausgetauscht werden, ein ganzer Block an Basen kann wegfallen, Sequenzen können verdoppelt oder in ihrer Reihenfolge umgekehrt werden, Sequenzen können verschoben oder neue Sequenzen können eingefügt werden. Viren können Teile ihres eigenen Genoms in das Genom des Wirtes einschleusen und dort dauerhaft verankern. Der amerikanischen Biologin Lynn Margulis wird 1999 die "National Medal of Science" für den Nachweis verliehen, dass Bakterien in ihrer Entwicklung sogar ganze Zellorgane übernommen haben, die von ursprünglich frei lebenden anderen Bakterien stammen. Vor Jahrmillionen sind sie von anderen Bakterien verschluckt, aber nicht verdaut, sondern eingebaut worden. All das geht schon über eine einfache Gen-Mutation hinaus.

Spätestens beim Thema „Sex" widerspricht z.B. Veiko Krauß den Ansichten von Dawkins vehement: Für Krauß lässt sich die Funktion der Sexualität *nur verstehen, wenn sie im Rahmen einer Population von Lebewesen betrachtet wird und nicht etwa als eine für ein einzelnes Individuum nützliche Funktion.* (Krauß 2021, S. 210). Da Sexualität das Zusammenwirken von genetisch verschiedenen Individuen voraussetzt, ist

99

eine erfolgreiche geschlechtliche Fortpflanzung, zumal, wenn beide Beteiligte den Nachwuchs zu gleichen Anteilen erzeugen, *im wesentlichen Kooperation d.h. erfolgreiches Gruppenverhalten*, und nicht etwa das Resultat eines egoistischen Gens (Krauß 2021, S. 211). Man kann es schließlich auch ganz entspannt sehen: Das Leben eines Organismus besteht aus einer beliebig langen Kette von aufeinander folgenden Schritten, die kausal miteinander verknüpft sind und am Anfang und am Ende steht jeweils (im Idealfall) dasselbe DNA-Moleküle. Je länger diese Kette ist, die zwischen der Replikation der DNA liegt, umso mehr kann schief gehen, oder verbessert werden. Die Selektion kann an jedem dieser Zwischenschritte ansetzen und das Unternehmen „Replikation" zum Scheitern bringen oder es optimieren. Und weil das so ist, kann die Selektion nicht ausschließlich auf die Gene allein beschränkt sein – sie kann z.B. auf Verhaltensweisen einwirken, die über Lehrerfahrungen weitergegeben werden – z.B., wie man einen Faustkeil herstellt. Und schließlich ist noch dieser Einwand zu nennen, bei dem die Emergenz ihre besondere Rolle spielt.

Letztlich können wir die gesamte Biologie auf ihre physikalische Ursachen – die vier elementaren Wechselwirkungen - herunterbrechen. Ebenso beruhen alle Vorgänge betreffs der Geologie oder der Chemie auf ihren physikalischen Grundlagen. Trotzdem ist es sinnvoll, Chemie, Geologie und Biologie nicht ausschließlich unter physikalischen Blickwinkeln zu betreiben – es wäre unüberschaubar kompliziert. Und genauso wenig ist es sinnvoll, jede Selektion unter ihrem grundsätzlichen Aspekt - der Veränderung n einzelner Nukleotide - zu untersuchen. Wir brauchen auch den Blick auf den Phänotyps eines Organismus oder eben auf eine Population. Das es letztlich um die Veränderung der DNA geht, ist dabei ebenso trivial, wie die Erkenntnis, dass chemischer Reaktionen immer auf physikalische Vorgänge zurückzuführen sind. Und wenn wir uns jetzt mit den Memen und Softgenen beschäftigen, wird alles noch einmal ganz anders. Aber zurück zu Dawkins. Er behauptet, das einzige Ziel unserer Gene hieße, möglichst lange im Spiel des Lebens zu verbleiben. Indem die genetischen Grundlagen (der Genotyp) den Körper (den Phänotyp, oder wie Dawkins es auch nennt, das Vehikel) dazu veranlassen, zu überleben, zu essen, Sex zu haben und Kinder groß zu ziehen, förderten die Gene ihren eigenen Erhalt. Die Pläne, die die Gene verfolgen würden, unterschieden sich von dem, was wir als Menschen beabsichtigen und wünschen würden. Den Genen gehe es um ihre Verbreitung, wir Menschen würden uns mit Gesundheit, hohem Auskommen und Liebe beschäftigen. Der Mensch verfolge die Strategie, sich Vergnügen durch Sex zu verschaffen, unsere Sorgen kreisten um Gesundheit und um unser Einkommen. Die Gene würden dieses Vergnügen und unsere Sorgen ausnützen, um ihr Überleben in der nächste Generation zu erreichen. Der Mensch handele nach seinem biologisch vorgegebenen Drang zur Verwirklichung eigener Bedürfnisse, und zwar stets so, dass er nach dem größten persönlichen Glück strebe. Aber, was Glück ist, definieren unsere Gene. Und diese Ideen der „egoistischen Gene" überträgt Dawkins nun auf die Kultur.

Theorie der Meme

Wohl keine Theorie der Vergangenheit hat eine vergleichbare Karriere hingelegt, wie die „Theorie der Meme". Dawkins führt den Begriff und seine Bedeutung 1976 in seinem schon erwähnten Buch „Das egoistische Gen" mit den Worten ein: *Ich meine, dass auf diesem unserem Planeten kürzlich eine neue Art von Replikator aufgetreten ist. Zwar ist er noch jung, treibt noch unbeholfen in seiner Ursuppe herum, aber er ruft bereits evolutionären Wandel hervor, und zwar mit einer Geschwindigkeit, die das gute alte Gen in den Schatten stellt.* (Dawkins, 2001, S. 308). Ein Replikator ist in der theoretischen Biologie eine replizierbare Einheit. Insbesondere ist damit ein Gen gemeint. Dawkins greift nach eigenem Bekunden auf die 1975 geäußerten Thesen des amerikanischen Anthropologen F.T. Cloak über die Existenz von „Corpuscles of Culture", von Kulturkörperchen auf neuronaler Ebene als Grundlage der kulturellen Evolution zurück. Allerdings ist die Vorstellung, dass sich die menschliche Kultur auf ähnliche Weise „entwickelt" wie die Arten, sehr viel älter: Darwin (1871) selbst stützt sich in "Die Abstammung des Menschen" auf die Arbeit historischer Sprachwissenschaftler, die bereits Evolutionsbäume von Sprachfamilien erstellen (Acerbi & Mesoudi 2015).

Dawkins findet analog zum „Gen" den Namen „Mem". Dieses Kunstwort wird 1988 in die offizielle Liste von Wörtern aufgenommen, die für die zukünftige Auflage der „Oxford English Dictionaries" in Betracht gezogen wird (Dawkins, 2001, S. 514). Heute können wir im Oxford English Dictionary die folgende Definition für ein Mem lesen: *Ein Element einer Kultur, das offenbar auf nicht genetischem Weg, insbesondere durch Imitation, weitergegeben wird.* Dawkins nennt als Meme eine Reihe unterschiedlicher Begriffe: *Melodien, Gedanken, Schlagworte, Kleidermoden, die Art, Töpfe zu herzustellen oder Bögen zu bauen.*

Für Dawkins ist die „kulturelle Überlieferung" der genetischen Vererbung insofern ähnlich, *als sie im wesentlichen konservativ ist, aber dennoch eine Form von Evolution hervorrufen kann.* (Dawkins 2001, S. 304). Allerdings hatte Dawkins seine Theorie ein bisschen als Monster auf die Welt gebracht, mit dem ein Wissenschaftler eigentlich keinen Umgang pflegen will. Denn Dawkins outet die Meme als Schurken, die man sich irgendwie als Gegenspieler des „Menschseins" vorstellen muss, wenn er schreibt:

Wenn jemand ein fruchtbares Mem in meinen Geist einpflanzt, so setzt er mir im wahrsten Sinne des Wortes einen Parasiten ins Gehirn und macht es auf genau die gleiche Weise zu einem Vehikel für die Verbreitung des Mem, wie ein Virus dies mit dem genetischen Mechanismus einer Wirtszelle tut. (Dawkins 2001, S. 309).

Dass eine solche Theorie auf Widerstand stößt, ist nachvollziehbar. Niemand möchte mit Parasiten im Gehirn rumlaufen, niemand eine Petrischalen zur Vermehrung von Memen sein. Aber, natürlich sind diese Vorbehalte noch keine wissenschaftlichen Argumente. Und zumindest in Bezug auf unerwünschte Ideen ist es nicht ganz abwegig und auch nicht neu, über „Parasiten im Gehirn" zu reden, wenn man in dem Buch „Die geheime Inquisition" von Peter Godman über eine abweichende Meinung in der Katholischen Kirche im sechzehnten Jahrhundert liest: *Verbreitet wurde dieses den Verstand infizierende „Krebsgeschwür" über das hoch ansteckende Medium des gedruckten Buches.* (Godman 2001, S. 23).

Die Fortpflanzung der Meme geschieht durch einen Prozess, *den man im weitesten Sinne als Imitation bezeichnen kann.* (Dawkins 2001, S. 309). Der Biologe führt dann anhand des Beispiels „Idee Gott" aus: *Wir wissen nicht, wie sie im Mempool entstanden ist. Wahrscheinlich wurde sie viele Male durch voneinander unabhängige „Mutationen" geboren.* (Dawkins 2001, S. 310). Damit hat er dann auch den für die Evolutionstheorie maßgeblichen Begriff der „Mutation" eingefügt.

In einem späteren Werk unterscheidet Dawkins Meme und ihre phänotypischen Auswirkungen: Er geht davon aus, dass Meme als elektrochemische Signaturen im *„Prinzip unter einem Mikroskop"* im Gehirn nachweisbar sein sollten (Dawkins 2018, S. 115). Ihre Auswirkungen (Vehikel, Phänotyp) drücken sich dann als Wort, Musik, Mimik und Gestik, Kleidermoden aus, oder auch schon im Tierreich im Öffnen von Milchflaschen durch Meisen in England oder im Waschen von Süßkartoffeln bei japanischen Makaken. Er unterscheidet hier also zwischen den chemischen Signaturen im Gehirn und ihrem Ausdruck als materielle kulturelle Güter im Sinne eines Phänotyps der Meme.

Imitation

Ein Mechanismus zur Verbreitung der Meme ist nach Dawkins die Imitation im weitesten Sinne. Und Susan Blackmore formuliert in ihrem Buch „Die Macht der Meme" dazu: *Die These dieses Buches ist, dass es die Fähigkeit zur Imitation ist, die uns von den Tieren unterscheidet. Imitation ist eine Gabe, die uns Menschen angeboren ist.* (Blackmore, 2000, S. 27). Nach Blackmore ist Imitation im Tierreich äußerst selten. Spaßiger Weise führt sie als Beispiele für das Unvermögen von Tieren, zu imitieren, an, dass wir Menschen Hunden und Katzen nicht beibringen können, sich aufzusetzen und zu betteln, indem wir es vormachen (Blackmore, 2000, S. 27). Wohl wahr! Aber auch Möwe scheitern daran, uns Menschen das Fliegen beizubringen, indem sie es uns vormachen. Es kommt ein bisschen darauf an, was ein Tier überhaupt lernen kann. Von Artgenossen bestimmte Dinge über Imitation zu lernen, scheint tatsächlich recht verbreitet im Tierreich zu sein. Das prinzipielle Vermögen zu imitieren ist nicht nur dem Menschen qua Geburt gegeben. So ist z.B. der *Gesang der Buckelwale eine kulturelle Tradition, die von kreativen Individuen immer wieder verändert und anschließend über Imitation verbreitet wird* (Gor 2013). Selbst die sogenannten Spiegelneuronen wurden nicht zuerst im menschlichen Gehirn, sondern bei Makaken entdeckt (de Waal 2015 (1), S. 186). Diese „Monkey see, Monkey do" – Neuronen befähigen uns Menschen dazu, Vorgänge, die wir wahrnehmen, mitzuempfinden: Zum Beispiel aktivieren wir durch Beobachtungen neuronale Repräsentationen von Bewegungsabläufen in ähnlicher Weise, als würden wir diese Bewegungen selbst ausführen.

Lernen durch Beobachten ist an komplexe neuronale Verarbeitung gekoppelt. Einfache Bewegungen sind noch relativ einfach zu imitieren: Bereits nach wenigen Tagen ist ein Säugling im Stande, die Zunge herauszustrecken, wenn ihm das die Mutter vormacht (Foppa 2011, S. 47). Aber auch das ist bereits ein vielschichtiger Vorgang: Zunächst muss der Säugling die Bewegung beobachten und analysieren und danach muss er überlegen, wie er diese Bewegung selbst ausführen kann. Imitation ist spätestens dann auf ein leistungsfähiges Gehirn angewiesen, wenn es um Absichten geht, die wir mit einer Handlung verfolgen. Denn wir müssen, um durch Imitation zu lernen, die Intention des handelnden Individuums zusätzlich mit erfassen. Ein Beispiel: Nach der Mahlzeit seines Kleinkindes wischt ein Mann den Tisch ab, der bei der Fütterungsprozedur ziemlich schmutzig geworden ist. Seine Intention dabei ist, den Tisch zu säubern. Das Kind beobachtet den Wischvorgang genau, und will dann den Vater nachahmen. Der Mann übergibt dem Kind den Schwamm. Das Kind fängt begeistert an, auf dem Tisch herumzuwischen, aber statt den Tisch zu säubern, verteilt es die Essensreste gleichmäßig über die Tischplatte. Das Kind ist von seinem Tun vollständig begeistert, aber nicht in der Lage, die Intention des Vaters, „den Tisch sauber zu wischen", hinreichend zu erfassen. Es ahmt lediglich die Wischbewegungen nach.

Blackmore hat insofern recht, als Tiere in der Regel nicht genügend Gehirnkapazität haben, um kompliziertere Intentionen zu erfassen. Aber das ist vielleicht auch gar nicht nötig, wenn Gene und Meme geschickt verzahnt sind – „Imitation im weitesten Sinne" ist da bereits sehr hilfreich.

Imitation im weitesten Sinne

Dawkins führt Meme als etwas gänzlich Neues, Anderes ein und schreibt sie vor allem den Menschen zu. Er nimmt das später implizit zurück, wenn er das Waschen von Süßkartoffeln bei japanischen Makaken als Ausdruck eines Affen-Mems wertet: Im Jahr 1953 wäscht das Rotgesichtsmakakenweibchen Imo auf der japanischen Insel Koshima zum ersten Mal eine sandverschmutze Süßkartoffel, bevor sie sie verzehrt. Dieses Verhalten breitet sich unter den Makaken der Horde aus und nach rund 10 Jahren ist das Kartoffelwaschen ein typisches Verhaltensmerkmal des gesamten Trupps geworden (Sachser 2018, S. 156 f.). Und Dawkins besteht darauf, dass es keinen Zusammenhang zwischen Memen und Genen gibt: *Ein Mem hat seine eigenen Fortpflanzungsmöglichkeiten und seine eigenen phänotypischen Auswirkungen, und es gibt keinen Grund, warum Erfolg für ein Mem irgendeine Verbindung mit genetischem Erfolg haben sollte.* (Dawkins 2018, S. 116).

Dawkins irrt. Erst im Zusammenspiel erschließen Gene und Meme bei höher entwickelten Lebewesen Handlungsoptionen, die dem Überleben und der Fortpflanzung des Individuums nützen. Bestimmtes Verhalten kann genetisch codiert werden, z. B. die Nachfolgeprägung. Küken schlüpfen aus dem Ei und folgen dem, der sich in nächster Nähe befindet und sich bewegt. Das ist in aller Regel die Mutter oder Konrad Lorenz. Küken ist es nicht angeboren, sich vor Raubvögeln zu verstecken. Es gibt wahrscheinlich keinen Weg, die Konturen von Greifvögeln, die am Himmel kreisen, als Gene zu codieren. Stattdessen wählte die Evolution einen weit effizienteren Weg, was Aufwand und Wirkung anlangt: Die Küken schlüpfen aus dem Ei und flüchten vor jedem Schatten, den sie am Himmel sehen (angeboren, genetisch fixiert). Das ist eine sinnvolle, aber energieaufwändige Strategie. Aber die Küken haben auch die Fähigkeit des Lernens mit aus dem Ei gebracht: Sie können sich schnell merken, bei welchen Schatten (Mem) am Himmel die anderen Vögel flüchten und bei welchen nicht. Sie erlernen also nicht die Angst vor Raubvögeln, sondern verlernen durch Gewöhnung die Angst vor ungefährlichen Flugobjekten. Dieser einfache Lernvorgang justiert eine angeborene Reaktion neu oder präzisier. Küken lernen, indem sie sich das Verhalten von Artgenossen ansehen und dieses Verhalten imitieren. Forscher nennen dieses Vorgehen „soziales Referenzieren". Das Mem „ungefährlicher Schatten" wird dabei über Lernvorgänge von Henne zu Küken weitergegeben, während die Disposition, vor Schatten zu flüchten, genetisch vererbt wird.

Dies erklärt auch, warum Vogelscheuchen nur kurze Zeit funktionieren (Sachser 2018, S. 145) – Wagemutigere Krähen testen die Reaktionen der Vogelscheuchen aus und wagen sich immer näher heran. Sie lernen, dass ihnen von diesen Schreckgestalten kein Ärger droht und ignorieren die Vogelscheuche schließlich ganz. Die furchtsameren Krähen übernehmen dann dieses „mutige" Verhalten und ignorieren die Vogelscheuche dann ebenfalls.

Bei Küken greifen genetische Disposition und in der Kultur der Artgenossen gespeicherte Schattenbilder ineinander. Ähnliches finden wir bei Primaten. Bei Laboraffen, die noch nie vorher eine Schlange gesehen haben, kann Susan Mineka vom Karolinska Institut in Stockholm zeigen, dass die Versuchstiere keine angeborene Angst vor diesen Reptilien haben. Werden den Affen aber Filme von Artgenossen gezeigt, die deutliche Angstreaktionen beim Anblick von Schlangen

107

zeigen, entwickeln die Labortiere schnell selbst Angst, wenn sie einer Schlange ansichtig werden. Sie haben eine genetisch bedingte Veranlagung, diese Angst schnell zu lernen, schneller als Angst vor Blumen oder Kaninchen, wenn die Versuchstiere solche Dinge ebenfalls vorher nie gesehen haben. „Gefahr! – das ist eine Schlange!" und das dazu angepasste Verhalten: „Flucht" greifen als angeborene Reaktion und kulturelle Weitergabe ineinander. Erdmännchen, deren Nahrung zu ca. 5 Prozent aus Skorpionen besteht, entfernen den giftigen Stachel bei diesen Beutetieren und lassen dann den Nachwuchs an diesen Skorpionen üben (Hrdy 2010, S. 254). Das erspart dem Nachkommen manch bittere oder sogar tödliche Erfahrungen.

Dieses notwendige Lernen der artspezifischen Kultur macht es so schwierig, in menschlicher Obhut aufgewachsene Tiere in ihren angestammten Revieren auszuwildern. Denn diesen Tieren fehlen die Kenntnisse der tradierten überlebensnotwendigen Verhaltensweisen, die im natürlichen Habitat von den Elterntieren oder sonstigen Artgenossen übernommen werden. Noch dramatischer ist das Problem, wenn in Zukunft versucht werden wird, eine ausgestorbene Tierart, wie z.B. den Dodo, zurückzuholen. Dieser etwa einen Meter großer flugunfähiger Vogel lebt, eher er ca. 1690 ausstirbt, ausschließlich auf der Insel Mauritius im Indischen Ozean. Heute kann niemand einem Dodo mehr zeigen, was es heißt, ein Dodo zu sein (Kenneally 2023). Niemand kann einem Dodo-Küken das spezifische Sozialverhalten eines Dodos beibringen.

Junge Rhesusaffen lernen, Schlangen zu meiden, wenn sie erlebt haben, wie ihre Eltern ängstlich auf eine Schlange reagieren. Kraken attackieren etwas, was sie andere Kraken haben attackieren sehen. Vögel und Kaninchen lernen, sich nicht vor Zügen zu fürchten, wenn sie Artgenossen über Bahngleise folgen, die sich

108

nicht vor Zügen fürchten (Blackmore, 2000, S. 94). Das Verhalten, „Schlangen zu meiden", „bestimmte Dinge zu attackieren", „sich nicht mehr vor gewissen Dingen fürchten", ist genetisch vordefiniert: „Sei ängstlich, wenn deine Artgenossen ängstlich sind", „sei gegen Objekte aggressiv, die von Artgenossen angegriffen werden" und „verliere deine Furcht, wenn Artgenossen keine Furcht zeigen". Das sind einfache Verhaltensweisen.

Als Meme werden dann von den Artgenossen diejenigen kulturelle Aspekte übernommen, die mit diesem Verhalten gekoppelt sind: „Schlangen – flüchten", „bestimmte Meeresbewohner – kämpfen", oder „Züge – ignorieren".

Bei Menschen finden wir ähnliche Voreinstellungen und kulturelle Ausformungen: Befragt man Menschen, wovor sie am meisten Angst haben, stehen ganz oben in der Liste: Schlangen, Spinnen, Höhen und enge Räume, dazu auch Angst vor Spritzen, vor dem Fliegen in Flugzeugen oder Angst vor dem Zahnarzt, vor Elektrosmog oder Handy-Strahlung (Rosling 2019, S. 131). Die Anlage dafür bringen wir mit, denn sie betreffen die generelle Furcht vor körperlichem Schaden. Aber wovor wir uns im Einzelnen fürchten, vermittelt uns unsere Kultur. Wir lernen sie durch unsere kulturelle Umwelt, die entsprechenden Meme hören und sehen wir in den Nachrichten: Flugzeugabstürze, Körperverletzungen und Kontamination durch Strahlung oder unsichtbare Substanzen. Insbesondere die Angst vor „Elektrosmog" kann nicht angeboren sein, sondern wird kulturell vererbt. Denn niemand kann einen tatsächlichen Schaden durch „Elektrosmog" erlebt haben. Jedenfalls kam die *WHO* zu dem Schluss, dass die *derzeitige Kenntnislage die Existenz irgendwelcher gesundheitlichen Folgen einer Exposition durch schwache elektromagnetische Felder nicht bestätigt.* (wikipedia 04).

Schwächen der Theorie

Ein Mangel der Mem-Theorie von Dawkins ist die starke Reduzierung der Evolution auf Egoismus bzw. auf Konkurrenz. Denn besser angepasst bedeutet nicht zwangsläufig, andere aktiv aus dem Rennen zu werfen. Wenn eine Antilope durch zufällige Mutation einen längeren Hals entwickeln würde, käme sie damit an höher hängende Blätter und Früchte. Sie konkurriert dann sogar eher weniger um Futter mit den Artgenossen, die nur an die niedrigen Äste kommen. Wenn diese Antilopen, wegen des erweiterten Nahrungsangebots, pro Generation ein Kind mehr erfolgreich aufziehen würde und ein gewisser Prozentsatz von Individuen pro Generation von Raubtieren gemeuchelt würde, ergibt sich mathematisch, dass es auf die Dauer nur noch Antilopen mit langem Hals geben würde. Kein Langhals hätte dabei in echter Konkurrenz zu den kurzhalsigen Antilopen gestanden. Es ist wichtig zu verstehen: Es geht nicht um einen Überlebenskampf, sondern völlig unaufgeregt nur darum, ob eine bestimmte Form der DNA es fertig bringt, solange auf der Erde zu verweilen, bis es ihr gelingt, eine möglichst genaue Kopie ihrer Selbst hervorzubringen. Ein weitergehender Antrieb wie "Egoismus" oder eine Strategie der Selbstbehauptung auf Kosten anderer kann helfen, ist aber nur eine der möglichen Vorgehensweisen, und wahrscheinlich nicht immer die langfristig bessere.

Aber zurück zu den Memen: Zwischen Genen und Memen in einem Organismus gibt weniger Konkurrenz, als vielmehr Kooperation. Wir kennen das aus der Informatik: Hardware und Software bilden eine Einheit: Die Gene liefern das Gehirn, die Softgene sind dann die Daten und Programme. Beides greift ineinander und ergänzen sich. Auch auf der zwischenmenschlichen Ebene fördern Meme nicht

unbedingt die Konkurrenz, sondern sie verstärken u.a. die Fähigkeit, zwischenmenschlich zu kooperieren.
Dieser Aspekt ist sogar zwingend, denn kulturelle Entwicklungen werden erst in einer Gemeinschaft möglich.

Sicherlich hat die gefühlsmäßige Unannehmbarkeit der „Egoisten-Mem-Theorie" dazu beigetragen, dass sich diese an sich wegweisende Theorie wenig verbreitete. Ein ernstes Problem der Theorie stellt dar, dass es angeblich keinen funktionalen Zusammenhang zwischen Genen und Memen geben soll: *Kleidermode und Ernährungsgewohnheiten, Zeremonien, Brauchtum, Kunst und Architektur, Ingenieurwesen und Technologie – sie alle entwickeln sich im Verlauf der geschichtlichen Zeit auf eine Art und Weise, die wie gewaltig beschleunigte genetische Evolution aussieht, in Wirklichkeit jedoch nichts mit genetischer Evolution zu tun hat.* (Dawkins 2001, S. 306). Für Dawkins ist ein Mem wie „Gott" von großer psychologische Anziehungskraft ohne biologische Begründung. Und er schreibt: *Was wir bisher nicht in Betracht gezogen haben, ist, dass ein kulturelles Merkmal sich einfach deshalb so entwickelt haben mag, wie es sich entwickelt hat, weil es für sich selbst von Nutzen ist.* (Dawkins 2001, S. 320). Wie wir noch sehen werden, irrt Dawkins auch hier: Unabhängig davon, ob es einen Gott gibt oder nicht – evolutionär betrachtet spielen Gottheiten bedeutende Rollen.

Die Kulturwissenschaften ignorierten die neue Theorie weitgehend, auch weil es ab den 60er Jahren in Reaktion auf das Desaster, das aus den Rassentheorien der NS-Zeit erwachsen war, Mode wurde, jegliche biologistischen Denkansätze zu verteufeln. Auch heute wird die Mem-Theorie wenigstens als zu kurz gesprungen angesehen: Dawkins verfehle mit seiner Theorie *letztlich die Besonderheit des Gegenstands der Sozialwissenschaften, der eben ein anderer ist als derjenige der Naturwissenschaften. Der Gegenstand*

111

der Naturwissenschaften ist letztlich beliebig modellierbar, während der Gegenstand der Sozialwissenschaften in sich schon sozial, normativ und affektuell strukturiert ist. (Bosch 2010, S. 125). Trotz allem etablierte sich der Begriff „Mem" und fand seine Verbreitung in den Debatten über die Evolutionstheorie, des menschlichen Bewusstseins, Religionen, Mythen und „Viren des Geistes". Respektable Wissenschaftler wie Daniel Dennett, Susan Blackmore, Richard Brodie oder Edward O. Wilson integrierten den Begriff des Mems in ihre Denkmodelle. Seit 1997 existierte eine Internetseite: „Journal of Memetics: Evolutionary Models of Information Transmission". Google listete bereits 2020 unter dem Schlagwort „Meme" knapp 323 Mio. Treffer auf, der Begriff „Mempool" wurde immerhin noch mit knapp 3,16 Mio. Treffern gelistet (Suche vom: 17.05.2020). Dass sich dieser Begriff so hartnäckig hält, liegt vermutlich daran, dass die Idee intuitiv einleuchtet.

Denken wir diese Idee also noch einmal von Grund auf neu, ohne die Erbsünde einzuweben, die Dawkins seinem Geschöpf aufgebürdet hat. Zur besseren Unterscheidung werde ich sie hier, wie schon erwähnt, „Softgene-Theorie" nennen. Zugegeben, der Begriff Softgene ist phonetisch nicht ganz so elegant, zeigt aber noch deutlicher, wohin die Reise geht. Die DNA ist ein geniales chemisches Medium, um Informationen zu speichern und um einfache Verhaltensweisen zu steuern. Zur Lösung von Probleme sind Neuronen in einem Gehirn aber oft besser geeignet, weil sie unsere Verhaltenssteuerung viel flexibler machen. Und ein Gehirn ohne seine Inhalte, seine Softgene, wäre nutzlos, es wäre wie ein ausgeschalteter Computer.

Softgene – eine neue Mem-Theorie

Denken ohne Schubladen ist wahrscheinlich gar nicht möglich. Aber bestimmte Einordnungen und Grenzziehungen verstellen den Blick fürs Ganze, und das trifft sicherlich auf die erbittert umkämpfte Antwort auf die Frage zu, was den Menschen stärker prägt, seine Natur oder seine Kultur (nature vs nurture). Dass es nicht nur das eine, sondern auch das andere sein muss, sehen wir daran: Rund 94 Prozent der deutschen Häftlinge sind Männer. Das spricht stark dafür, dass Delinquenz genetisch vorgeprägt ist. Anders herum – wenn die Delinquenz in den männlichen Genen verankert wäre, dann müssten wir erwarten, dass mehr als ca. 0,12 Prozent der deutschen Männer im Knast landen (Statistisches Bundesamt 2020).

Es ist vielleicht lediglich eine anthropozentrische Verzerrung, die uns glauben lässt, dass es eine kulturelle Errungenschaft ist, wenn ein Baby „Mama" sagen kann. Sicherlich hat die Evolution das Wort „Mama" nicht in unsere Gene eingeschrieben. Aber tatsächlich ist der Beitrag der Kultur zu dieser Leistung eher gering: Das fängt an mit der schieren Existenz: Erst muss ein Kind geboren werden und sich nach seinem genetischen Plan entwickeln, ehe es überhaupt daran gehen kann, Laute zu artikulieren. So betrachtet erscheint der Beitrag der Kultur eher gering – auf der einen Seite der gewaltige Beitrag der Gene, damit ein Kind existiert – auf der anderen Seite die durch die menschliche Kultur beeinflusste Strukturierung einiger Neuronen, die das Kind dann dazu befähigt „Mama" zu sagen. Der Neurobiologen Donald Hebb hält diese Diskussion daher für weitgehend irrelevant: Die Frage danach, ob unser Verhalten eher von unserer Natur oder eher von unserer Kultur beeinflusst wird, ist so sinnvoll wie die Frage, ob die Fläche eines Rechteckes eher durch seine Länge oder eher durch seine Breite bedingt

113

sei (Sapolsky 2017, S. 327). Was uns prägt, ist nicht Kultur oder Natur sondern Kultur und Natur zusammen! Gene und Kultur bilden eine untrennbare Einheit. Und so, wie wir Menschen von der Umwelt beeinflusst wurden und werden (Natur), üben wir unsererseits Einfluss auf unsere Umwelt aus (Kultur).

Hard- und Software

Die hier vorgestellte Theorie verbindet die Erkenntnisse über die Biologie des Menschen mit den Wissen seiner Kultur. Dem Prinzip der größtmöglichen Einfachheit, der lex parsimoniae, folgend, verwenden ich dafür die gut etablierte Evolutionstheorie. Der Begriff, der dabei alles zusammenhält, ist Information. Wir können zunächst – wie in den Computerwissenschaften – zwischen der Hardware und der Software unterscheiden. Bei Lebewesen höherer Komplexität reicht Hardware zur Verhaltenssteuerung allein nicht aus. Aber auch das Umgekehrte, eine reine Softwaresteuerung, die manche Geisteswissenschaftler dem Menschen unterstellen, wenn sie den Geist frei und unabhängig vom Körper arbeiten sehen, wäre kein funktionsfähiges Produkt.

In unserem Kopf sitzt ein bemerkenswert leistungsfähiger Computer (Kahneman 2011, S. 96). Computersysteme funktionieren erst richtig, wenn Software und Hardware reibungslos zusammenarbeiten. Wir können Letzterem sofort zustimmen, wenn wir an Depressionen oder Schizophrenie denken, wenn also ein Gehirn nicht „richtig" arbeitet und die Daseinsbewältigung dramatisch leidet.

Während die Hardware ganz überwiegend von den Genen hervorgebracht wird, wird die Software zum großen Teilen über Lernvorgänge erworben. Lernen wird als die Fähigkeit betrachtet, das Verhalten aufgrund individueller Erfahrungen zu verändern und sich so der Umwelt anzupassen oder die Umwelt zu manipulieren. Schon bei so einfachen Tieren wie bei den Fadenwürmern und Pantoffeltierchen spielen Lernprozesse eine Rolle (Sachser 2018, S. 143). Und auch die kleine schwarzbauchige Fruchtfliege ist nicht unwiderruflich durch die Gene in ihrem Verhalten programmiert.

In unserem Gehirn arbeiten nicht nur solche Softwaretools, die uns befähigen, zu atmen, Herz und Kreislauf zu überwachen, auf zwei Beinen zu gehen oder eine Kampf- oder Fluchtreaktionen auszulösen. Das sind Fähigkeiten, von denen wir selbst nicht wissen, wie wir sie bewerkstelligen. Vielmehr beinhalten Sie auch die Voraussetzungen für die menschliche Kultur und gleichzeitig ist Kultur ihre logische Folge: Unsere Gene sind zusammen mit unseren Kulturbausteinen untrennbar mit unserem menschlichen Dasein verbunden.

Intelligenz ist die unvermeidliche Antwort auf alle rasch sich ändernden Umweltbedingungen und so entwickelten sich die kulturellen Bestandteile unseres Denkens, angetrieben durch die Selektion, in Koevolution mit dem neuronalen Netzwerk des Gehirns in Richtung einer immer größeren Komplexität. Dabei erzwang die Aneignung von Kultur ihrerseits die Anpassung des menschlichen Körpers, also unseres Genpools.

Da unser Gehirn modular aufgebaut ist, ist auch unser Denken in „Unterprogrammen" organisiert und damit sind auch die verschiedenen Inhalte in unserem Gehirn in einzelne Bestandteile gegliedert, die mehr oder weniger eng zusammenhängen. Zu denken wäre hier an eine ähnliche Hierarchisierung, wie wir sie von Computersystemen kennen: Es gibt eine Art „Betriebssystem", dass die Denkvorgänge intern organisiert, Basisprogramme, die z.B. die Homöostase der Körperfunktionen wie Blutdruck, Körperwärme und Sauerstoffgehalt im Blut regeln, Tools, die Handlungsoptionen durchspielen, Datenbanken für die verschiedensten Aufgaben, wie z.B. ein Gedächtnis für Erfahrungen. Und natürlich gehören dazu auch Datenbanken für Faktenwissen wie Sitten und Gebräuche und Kleidermoden, für essbare und giftige Pflanzen und wie man Töpfe macht, für Jagdmethoden und wie man Netze, oder Pfeil und Bogen herstellt und wie man Häuser baut. Unser „Internet-Browser" schließlich ist unsere Sprache, die uns befähigt, in einer Art WorldWideWeb mit im Prinzip jedem Menschen auf der Welt zu kommunizieren, Erfahrungen auszutauschen und Handelsbeziehungen aufzubauen. Das Computer-Internet hat diese Fähigkeiten nicht erfunden, sondern nur funktional erweitert und insgesamt verstärkt.

Objektorientiert

Eine Definition, wonach ein Mem als Informationseinheit anzusehen ist, die im Gehirn wohnt (Blackmore 2000, S. 69), scheint stark vereinfacht. Eine Definition von Kultur, bezogen auf die kulturelle Evolution finden wir bei Acerbi & Mesoudi (2015): „Kultur" wird gemeinhin als die Gesamtheit der Informationen definiert, die durch soziales Lernen (und nicht genetisch) von Individuum zu Individuum weitergegeben werden, und umfasst umgangssprachlich solche Phänomene wie Einstellungen, Überzeugungen, Wissen, Fähigkeiten, Bräuche und Institutionen. Wahrscheinlich ist auch das noch zu allgemein. Denn darüber, was genau nun ein „Mem" sein soll, gibt es verschiedene Ansichten: die "internalistische" Sichtweise weist den kulturellen Merkmalen einen Platz im Gehirn zu, "externalistische" Sichtweise besteht darin, kulturelle Informationen in Artefakten gespeichert zu sehen. (Acerbi & Mesoudi 2015). Da ein Großteil unserer Kultur immateriell ist, würde ich die internalistische Sichtweise bevorzugen: Eine genauere Definition könnte sich an der „Objektorientierten

Programmierung" orientieren: Wir können in der Informatik Objekte programmieren, z.B. ein Objekt zum „Zeichen ein Rechteck auf den Bildschirm". Steht uns dieses Objekt zur Verfügung, müssen wir, immer wenn wir ein Rechteck auf den Bildschirm zeichnen wollen, diesem Objekt „Rechteck" nur einige Informationen übergeben wie:„Startpunkt" und „Größe" des Rechtecks.

(z.B. Startpunkt bei Bildschirmpixel 50 von rechts und 30 nach unten (Pixel (50/30)); „Größe" horizontal = 100 Pixel; vertikal = 200 Pixel).

Auf diese Weise können wir jedes beliebige Rechteck auf dem Bildschirm erzeugen. So ähnlich könnten wir uns vielleicht ein kleines Softgen vorstellen: Ein neuronales Objekt, dass uns befähigt, ein beliebiges Rechteck auf ein Blatt Papier zu zeichnen. Komplexere Softgene sind vielleicht Handlungsabläufe wie „das Schälen von Kartoffeln" oder Elemente des Wissens wie z.B. eine „Theorie über die Entstehung des Weltalls".

Einige Thesen zu den Softgenen

Die hier vorgestellte Softgen-Theorie setzt voraus, dass ein Mensch aus einer Hardware, die durch die Gene hervorgebracht wird und einer Software – die auf dem Neuronalen Netzwerk des Gehirns aufsetzt, besteht. Sie postuliert also, dass der Mensch, ähnlich wie die Systeme eines Roboters funktioniert. Durch die Entwicklung der Künstlichen Intelligenz wird ein solches Szenario immer plausibler. Denn umgekehrt werden wir jetzt gerade Zeuge davon, dass Roboter, ausgestattet mit einer künstlichen Intelligenz, dem Menschen immer ähnlicher werden!

Die Grundlagen unseres Denkens basieren auf genetisch vererbten Anlagen. Dabei spielen genetisch ererbte Dispositionen wie Gefühle eine entscheidende Rolle. Gefühle steuern eine weite Bandbreite unserer

Verhaltensweisen. Diese Grundlagen werden durch kulturell vererbte „Softgene" modifiziert und erweitert. Der evolutionäre Vorteil von Softgenen ist, dass sie eine schnelle Antwort auf sich rasch wandelnde Umweltbedingungen ermöglichen. Sie sind also insbesondere dort von Bedeutung, wo eine genetische Anpassung viel zu lange dauern würde oder gar nicht möglich wäre. Das Zauberwort heißt hier: „Anpassung durch Lernvorgänge". Das Verhalten durch Dazulernen anzupassen, ist eine mächtige Waffe im Überlebenskampf.

Noch flexibler wird Verhalten, wenn die Umwelt an die eigenen Bedürfnisse angepasst wird – Nestbau, Vogelgesang oder Werkzeugherstellung sind Beispiele dafür. Dem Menschen ermöglichen solche Kulturleistungen, sich jede beliebige Umwelt als Habitat zu erschließen.

Die „Softgen-Theorie" wird der Mem-Theorie von Dawkins an mindestens den folgenden Punkten widersprechen: Dawkins ist der Meinung, dass Meme erst vor kurzem auf der Weltenbühne auftauchen, dass sie keinerlei Zusammenhang mit den Genen aufweisen würden, und dass sie egoistisch wie seine Gene seien. Nach der hier vorgestellten Theorie existieren Softgene schon sehr lange, sie bilden eine untrennbare Einheit mit den Genen, sie kooperieren mit ihnen.

Zu den ersten Softgenen zählen die von den Artgenossen durch soziales Referenzieren vermittelten Verhaltensweisen: „Versteck dich, wenn du den Schatten eines Habichts siehst", „zieh dich zurück, wenn du eine Schlange siehst". Dazu gehören auch die „optimierten Reiserouten von Zugvögeln in den Süden" oder die „Jagdtechniken bei den Raubkatzen". Bei den „Brains" der Tiere, wie den Orcas, den Elefanten oder den Primaten, finden wir darüber hinaus einen Haufen soziokultureller Verhaltensweisen.

Ein schönes gattungsübergreifendes Beispiel für kulturelle Variationen ist das Aufpellen von Bananen:

Menschen schälen Bananen meistens von dem Ende aus, an der die Banane an der Pflanze befestigt ist. Das funktioniert recht schlecht, wenn die Schale nicht reißen will. Schimpansen öffnen Bananen am anderen Ende – sie quetschen das Ende der Banane, dort wo die Blüte saß, ein bisschen und dort öffnet sich dann ohne Anstrengung die Bananenschale einen Spalt. Die Banane lässt sich dann mühelos aufschälen. Möglicherweise haben die Affen an dieser Stelle die höher entwickelte Kulturtechnik.

Bei Menschen umfassen die Softgene z.B. seine sozialen Verhaltensweisen, seine Arbeitstechniken, Bücher oder wie man im Internet oder auf Wellen surft und vieles vieles mehr.

Wenn es sich bei den Softgenen um etwas handelt, das der Evolution unterliegt, sollten wir die folgenden Evolutionsmechanismen wiederfinden: Softgene müssen sich möglichst unverändert verbreiten können (Replikation). Es müssen verschiedene konkurrierende Ideen (bzw. Softgene) möglich sein (Variation). Und einige sollten sich als hilfreicher als andere herausstellen (Selektion). Jeglicher Unterricht zielt darauf ab, Softgene zu weiter zu geben (Replikation). Fehler beim Erwerb von Kulturpraktiken oder Innovationen führen zu Variationen. Die Auswirkungen auf die Lebenschancen eines Individuums als Folge der Verwendung verschiedener kultureller Varianten ergeben eine natürliche Selektion.

Hervorzuheben ist, dass Softgene der Evolution in der Art unterliegen, wie Karl Popper den wissenschaftlichen Wandel charakterisiert: Jedes Softgen kann lediglich falsifiziert werden und verschwindet dann aus dem Softgen-Pool und wird durch ein neues, meistens besseres verdrängt. Aber es gibt nicht das immerwährend beste Softgen.

Ein Softgenpool muss einen wesentlichen Beitrag leisten, ihre Besitzer zur Kooperation zu befähigen. Denn Kultur ist ein Phänomen kooperativer Gestaltung der Umwelt und erst Kooperationsfähigkeit erlaubt das Hervorbringen von komplexeren Kulturbausteinen. Kooperation ist so elementar für die Entwicklung höher entwickelter Kultur, dass wir Regeln des Zusammenarbeitens in unseren Genen als Voreinstellung wiederfinden: Es sind dieses unsere Gefühle für moralisches Verhalten. Wenn wir also einigen Anfängen von Kooperation und Kultur nachspüren wollen, finden wir auch erste grundlegende Softgene. Dafür werden wir uns später die Entwicklung der Moral etwas näher ansehen.

Softgene sind vor allem das dauerhaft gespeicherte Wissen einer Gemeinschaft und weniger das Wissen einer Einzelperson. Dabei sind Softgene in der Regel redundant auf viele Individuen verteilt. Diese, auf viele Köpfe verteilte Speicherung des kulturellen Wissens ist nötig, damit der erworbene Wissensstand einer Gemeinschaft nicht geschmälert wird, wenn einzelne Individuen sterben. **Kulturbausteine unterliegen nicht der Individualselektion sondern der Gruppenselektion.** Das ist vielleicht die am weitesten reichende Folgerung der Softgen-Theorie und gleichzeitig auch ihre trivialste: Softgene werden vor allem von anderen Gruppenmitgliedern übernommen! Und mehr noch: die meisten Bausteine unserer Kultur machen überhaupt nur in einer Gemeinschaft Sinn. Sprache ist hier das klassische Beispiel. Sprechen, Lesen und Bücher Schreiben und was alles sonst noch an diesen Kulturtechniken dranhängt, macht nur Sinn in einer sozialen Gruppe. Gut organisierte Gemeinschaften haben offensichtlich einen Überlebensvorteil, denn soziale Einheiten wie Sippen, Horden, Stämme, Fürstentümer oder Nationen wetteifern miteinander. Es gilt: Gruppenmitglieder müssen innerhalb der In-Group kooperieren und müssen möglichst gut organisiert gegenüber einer Out-Group konkurrieren können. Dieser Aspekt beschert uns unter anderem die Geißel des Krieges.

Unterschiedliche Kulturräume treten miteinander in Konkurrenz, man denke nur an die Rivalität zwischen den USA und China (Variation). Das Modell einer freien Marktwirtschaft in einer Demokratie hat sich als erfolgreicher gegenüber einer durchgeplanten Wirtschaft in einer „Proletarischen Diktatur" durchgesetzt (Selektion), wie der Zusammenbruch des Ostblocks zeigt.

Eine weitere Konsequenz aus der Softgen-Theorie erscheint ebenfalls folgenreich: Bei Genen sind die allermeisten Mutationen schädlich oder neutral. Daher ist es in aller Regel gut, wenn die Gene unverändert tradiert werden. Das muss prinzipiell auch für die Evolution der Softgene gelten. Kulturgüter müssen über viele Generationen hinweg ohne große Veränderungen „vererbt" werden können. Ich werde diesen zentralen Aspekt unter dem Begriff Konformismus weiter erörtern. Denn, **dass Softgene weitgehend immun gegen Veränderungen sein müssen, erklärt erstaunlich viele Aspekte des sozialen Verhaltens**. Neue Ideen sind vor allem Mutationen alter Ideen und nicht immer besser. Allerdings spielt hier nun auch die Ratio des Menschen eine Rolle. Intelligenz ist die Fähigkeit, das Verhältnis von schädlichen und nützlichen Mutationen von Ideen zugunsten der nützlichen zu verschieben. Menschlicher Weitblick kann die Dinge rascher voran bringen als eine blind wirkende Darwinistische Evolution, die nur Versuch und Irrtum kennt. Mit der Ratio hat der „blinde Uhrmacher" mindestens einäugiges Sehen gelernt.

Für den Einzelnen von uns bedeutet die Theorie der Softgene, dass nicht nur unsere Gene durch unsere Kinder erhalten bleiben. Auch das, was wir zur Kultur beigetragen, überlebt möglicherweise dauerhaft als Softgen unseren individuellen Tod. Wie wichtig uns dieser Aspekt ist, sehen wir daran, dass nicht nur Helden nach „ewigem" Ruhm strebten, sondern

Menschen auch als geniale Erfinder in die Geschichte eingehen möchten.

Ein letzter Aspekt sei hier noch genannt: Softgene können, auch wenn sie i.d.R. mit den Genen kooperieren, gelegentlich in Konkurrenz zu den Genen treten. Dieses deutet sich an, wenn wir das Zölibat in der Katholischen Kirche betrachten. Zugunsten der Verbreitung und Erhaltung des Softgen-Komplexes „Katholische Kirche" verzichten ihre Priester mehr oder weniger auf ihren genetischen Erfolg. Sie widmen ihr Leben ausschließlich dem Überleben der Softgene, die sie vertreten. Ähnliches gilt auch für Islamisten, die durch Selbstmordattentate ihre extrem radikale Auslegung ihrer Religion verteidigen wollen.

Gruppenselektion

Die Ebene, auf der Kulturbausteinen hervorgebracht und selektiert werden, ist am ehesten in der Gruppenselektion zu suchen. Schon Darwin war sich dessen bewusst, dass sich gute Ideen zum Wohle einer Gemeinschaft ausbreiten und dass das die Fitness einer Gemeinschaft stärken würde: *Wenn in einem Stamme jemand, der scharfsinniger sei, als die Übrigen, eine neue Waffe oder ein anderes Mittel zum Angriff oder zur Verteidigung erfände, so würden die Anderen des Stammes ihn aus eigenem Interesse nachahmen und daraus ergäbe sich ein Vorteil für den ganzen Stamm. Wäre die Erfindung von großer Bedeutung, würde sie den Stamm befähigen, sich zu verbreiten und in der Konkurrenz zu anderen Stämmen die Oberhand zu gewinnen* (Darwin 1871; 2010, S. 84).

Es gibt allerdings seit Darwin einen lang andauernden Streit unter Biologen, ob es das Phänomen einer Gruppenselektion, wie im Zitat oben angedeutet, überhaupt gibt, oder ob nicht stets die Individualselektion wirksam sei.

Die Kernproblem bezüglich der Gruppenselektion ist: Egoisten, die die Vorteile ausnutzen, die eine soziale Einheit bietet, die aber selbst nichts für die Gemeinschaft leisten, wären immer im Vorteil. Wie also kann kooperatives Verhalten und Altruismus entstehen, wenn es nur um das Individuum bzw. um seine Gene gehen würde? Aber tatsächlich ist das nur so lange ein Widerspruch, wie eine Gruppe über keine Möglichkeiten verfügt, Egoisten in die Schranken zu weisen.

Dieser Streit soll hier nicht entschieden werden. Es ist aber nicht abzustreiten, dass Kultur eine Gruppe voraussetzt und auf Kooperationen aufbaut. Diese Kooperationsfähigkeiten sind offensichtlich stabil in Bezug auf die Evolution: Sie verschwinden nicht über kurz oder lang wieder, der Egoismus einzelner Mitglieder kann sich in solchen Gemeinschaften nicht wieder durchsetzt. Und da sich Kooperation i.d.R. auch für das Individuum auszahlt, ist Individual- und Gruppenselektion auch kein Widerspruch.

Jedes Mitglied einer Gesellschaft verfügt sowohl über Gene, die sich über die Individualselektion entwickelten, wie auch über Gene, die durch die Gruppenselektion erzwungen wurden (Multi-Level-Selektion). Denn neben den individuellen Fähigkeiten gibt es Verhaltensweisen, die nur innerhalb einer Gemeinschaft sinnvoll sind, Fähigkeiten, die nur in einer Gemeinschaft gebaucht werden und daher nur dann auftauchen – z.B. bei der gemeinschaftlichen Jagd. Mammuts zu erlegen ist eine emergente Erscheinung einer Jagdgesellschaft, unerreichbar für ein einzelnes Individuum. Die mentalen Fähigkeiten dafür – Taktik, Kooperationswille und das Gefühl von Fairness beim Teilen der Jagdbeute sind dabei günstige Verhaltensweisen. Und diese können nicht individuell, sondern nur innerhalb einer Gemeinschaft erworben werden.

Ähnliches gilt auch schon für alle Raubtiere, die in Gruppen jagen! Tierarten wie die Wölfe sind in Rudeln organisiert. Sie müssen einerseits innerhalb der eigenen Gruppe – zum Beispiel bei der Jagd – zusammenarbeiten und andererseits stehen sie als Gruppe in innerartlicher Konkurrenz zu anderen Rudeln: sie müssen ihr Revier verteidigen. Sowohl Canis lupus als auch H. sapiens sind kooperative Jäger. *Beide sind zu den Mitgliedern der eigenen Gemeinschaft fürsorglich, gegenüber Außenstehenden aber misstrauisch und nicht selten mörderisch brutal.* (Becker 2012).

Ein Individuum in einer sozialen Gruppe mit kooperativen Charakter muss Ressourcen für die Gruppe abzweigen, die es nicht für seine eigenen Zwecke verwenden kann. Daraus ergibt sich ein unausweichlicher Konflikt zwischen diesen beiden Arten der Selektion (Wilson 2013, S. 71). Neid z.B. ist das Gefühl, das die Evolution in uns angelegt hat, das in uns aufsteigt, wenn wir uns bei der Verteilung von Ressourcen in einer Gemeinschaft benachteiligt fühlen, wenn wir uns also als Individuum übervorteilt fühlen. In dem Widerstreit, der aus kollektiven und individuellen Vorteilwahrungen folgt, liegen wahrscheinlich die meisten innerkulturellen Konflikte begründet.

Ein Konflikt dieser Art ist z.B. der Diskurs über den Impfzwang, in dem stets das Verhältnis zwischen Bürger und Staat verhandelt wird. *Es geht darum, wer über den Körper entscheidet, der Einzelne oder das Kollektiv.* (Wiegrefe 2020, S. 30). Um solche Konflikte zu lösen, entstanden eine Reihe von spezifischen Softgenen, wie z.B. „moralische Regeln des Zusammenlebens" oder Gesetzbücher. Und anders herum gilt auch das „geistige Eigentum", dass wir einem Individuum zugestehen und das eher auf die Individualselektion verweist, aber von der Gemeinschaft geschützt wird.

In diesen Zielkonflikten muss ein Individuum auf eine möglichst flache Hierarchie bestehen, um nicht übervorteilt zu werden, und folgerichtig finden wir bei Jägern und Sammlern i.d.R. eine mehr oder weniger egalitäre Gemeinschaft. Heute wird dieses Bestreben nach Egalität im Kampf um die Demokratie sichtbar. Das Streben nach Freiheit (Selektion auf der Ebene des Individuums) ist nichts anderes, als das Streben nach möglichst wenig „gesellschaftlichem Zwang". Insbesondere wendet sich dieses Gefühl gegen hierarchische Strukturen. Andererseits verlangt eine Horde in der Auseinandersetzung mit anderen Horden nach Schutz und klarer Führung. Führung aber verlangt Unterordnung. Auch hierfür haben wir eine emotionelle Voreinstellung: Nicht eben wenige Menschen sind bereit, populistischen Führungsfiguren blind zu folgen. Wenn wir den Fokus bei den Softgenen auf die Gruppenselektion legen, widerspricht das durchaus nicht dem zentralem Theorem der Evolution, wie Dawkins es nennt: dass ein Tier immer im ureigenen Interesse seiner Fitness handelt (Dawkins 2018, S. 62). Denn die Gesamtfitness wird zum Schluss abgerechnet. Im Schwarm zu schwimmen mag für eine Sardine energieaufwändiger sein und die Futtersuche erschweren – verglichen damit, allein unterwegs zu sein. Aber der Schutz, den der Schwarm vor Fressfeinden bietet, überwiegt diese Nachteile. Der Vorteil der Gruppe für Menschen ist gegenüber dem unorganisierten Fischschwarm um Größenordnungen höher: Ein Mensch kann ohne die Gesellschaft anderer Menschen auf Dauer kaum überleben.

Dass sich kooperatives Verhalten im Tierreich durchsetzen konnte, beweisen alle sozial lebenden Arten. Die Vorausetzungen für eine gut funktioniere Gemeinschaft sind sozialverträgliches Betragen und Hilfsbereitschaft. Es gilt: Ohne die Bereitschaft zur Kooperation und altruistischem Verhalten ihrer Mitglieder konnten keine sozialen Einheiten auf Dauer bestehen und ohne soziale Bande gäbe es keine höhere Kultur. Daher wird uns die Entstehung von kooperativem Verhalten später noch beschäftigen.

Softgene und Kulturentwicklung

Eine „Zielvariable" der Selektion von Softgenen ist weniger die optimale Anpassung an die Umwelt, wie es vielfach bei den Genen der Fall ist. Es geht auch nicht nur um die Erweiterung der individuellen Fähigkeiten, z.B. durch die Nutzung eines Werkzeuges. Im Wesentlichen geht es bei Kultur um die Anpassung der ökologischen Nischen zum Vorteil der Gruppe. Der allgegenwärtige Druck, die Nahrungsmittelproduktion zu intensivieren, die kollektive Arbeit zu organisieren und sich gegen andere Gemeinschaften wehren zu können, führt zu den Erfindungen des Pfluges, des Rades und der Anlage von Bewässerungssystemen, zur Entwicklung von Schrift und Buchhaltung, zur Kodifizierung des Rechts und nicht zuletzt zur Entwicklung ausgefeilter Werkzeuge der Kriegsführung. Die menschliche Kultur wird so mehr und mehr der Hauptbestandteil der menschlichen Umwelt. – *Zur Jahresmitte 2023 lebten weltweit geschätzt 4,6 der insgesamt etwas mehr als 8 Milliarden Menschen in Städten.* (google; 07.10.2023). Aus Städten hat der Mensch einen Großteil der „natürlichen Umwelt" herausgedrängt. Inbegriffen bei der Umgestaltung der Umwelt zum eigenen Nutzen sind Kollateralschäden wie der Klimawandel.
Wie bei der Evolution der Gene ist die Entwicklung dabei kontingent. Kontingenz in der Evolution bedeutet, dass einmal eingetretene evolutionäre Entwicklungen Auswirkungen auf die weitere evolutionäre Entwicklung haben. Die Selektion wirkt dabei, wie bei den Genen, kumulativ: Der Output jeder Selektionsrunde dient wieder als Input für die nächste. (Buskes 2008, S. 172). Erfindungen bauten i.d.R. auf

vorangegangene Erfindungen auf. Das ist ein durchaus bedeutsam: Erst die technisch relativ einfache Verwendung fossiler Brennstoffe zur Energiegewinnung und für die Mobilität ermöglicht eine menschliche Zivilisation, die in der Lage ist, Fotovoltaik und elektrisch angetriebene Autos zu entwickeln. Auf der technologischen Stufe holzbetriebener Dampfmaschinen wäre wahrscheinlich nicht einmal die Herstellung von Stahl in ausreichendem Umfang möglich gewesen. Die mit der Verbrennung fossiler Brennstoffe einhergehende Klimaveränderung ist also in gewissem Maße der Preis für die Möglichkeit, auf regenerative Energieerzeuger umstellen zu können. Und es ist durchaus eine berechtigte Frage im Hinblick auf die angebliche „Überbevölkerung der Erde", ob es mit weniger als 7 Milliarden Menschen, die kooperativ ihr Weltwissen zusammentrugen, überhaupt möglich gewesen wäre, so etwas wie ein Smartphone zu entwickeln.

Weitere Aspekte der Softgen-Theorie

Bei Darwin wird eine Mutation in der Keimbahn der Elterngeneration, also eine in der Elternschaft erworbene genetische Veränderung, von da an an die Nachkommen weitergegeben. Dabei wird entweder schon bei dem Individuum, das in seinen Genen eine Mutation erfährt, eine Selektion wirksam, etwa, wenn die Mutation zur Unfruchtbarkeit führt. Oder aber, die Mutation wird in den Folgegenerationen durch die Selektion als positiv oder negativ oder neutral im Sinne der Fitness wirksam und bewertet. Positive Bewertungen führen zur Ausbreitung der betreffenden mutierten Gene im Genpool einer Art. Mutationen geschehen nach Darwin zufällig.

Darwin vs. Lamarck

Zu Darwins Zeiten gab es einen erbitterten Streit über die Art, wie Eigenschaften in die nächste Generation weiter gegeben werden. Neben Darwins Evolutionstheorie gab es eine Konkurrierende des Jean Baptiste de Lamarck. Letzterer vermutete: Von Vater oder Mutter in ihrem Leben erworbene Verhaltensweisen und Fähigkeiten können direkt und dauerhaft an die nächsten Generationen weitergegeben werden und würden so die Gestalt einer neuen Art hervorbringen. Darwin würde bei der Entstehung einer Gattung wie die Giraffen annehmen, dass zufällige Mutationen für die Verlängerung des Halses verantwortlich wären. Lamarck hingegen vermutet: Eine Antilope versucht, an höher hängende Blätter zu kommen und diese Anstrengung bzw. Zielgerichtetheit führt zu einem etwas längeren Hals bei dieser Antilope. Über Generationen hinweg werden so die Hälse von den Nachkommen solcher Antilopen immer länger und länger und allmählich werden so aus einer Art von

Antilopen mit der Vorliebe für hoch hängende Blätter: Giraffen.

Der lamarckistische Weg der Weitergabe von überlebensrelevanten Informationen von den Eltern auf die Kinder wäre um ein Vielfaches effizienter in Bezug auf die Anpassung an die Umwelt, weil schneller, als es die zufällige Mutation der Gene erlauben würde. Eigentlich kann es daher nicht überraschen, dass die Evolution früher oder später auch diesen Trick hervorgebracht hat: die Weitergabe von Verhaltensweisen über das Nachahmen der Eltern oder Artgenossen.

Allerdings ist die Lamarckistische Evolution nur eine stabile evolutionäre Strategie, wenn die Veränderungen auch dauerhaft über viele Generationen weitergegeben werden können, also viele Generationen von Antilopen hintereinander an die höher hängenden Blätter möchten. Dafür musste es eine zusätzliche Idee geben. Lamarck schreibt daher allen Organismen einen Vervollkommnungstrieb zu, der die angesprochene Art von Antilopen dazu anhält, nach immer höher hängenden Blättern zu streben. Allgemein hätten nach Lamarck alle Organismen den Trieb, durch graduelle Veränderungen auf der Leiter der Komplexität immer weiter hinaufzuklettern. Diesen Trieb als eigenständiges Feature braucht es allerdings nicht, Konkurrenz (Selektion) unter den Softgenen reicht: Z.B. strebt die Automobilindustrie stetig nach höherer Komplexität und Vervollkommnung von Autos.

Anders als bei Genen breiten sich Softgene nicht allmählich von Generation zu Generation aus, sondern werden über Lernvorgänge von Individuum zu Individuum vermittelt. Damit gehorcht der Algorithmus der Vererbung von Kultur weniger der Evolutionstheorie Darwins, als vielmehr den Überlegungen von Lamarck.

Phänotyp und Genotyp der Kultur

Bei einem Individuum können wir den Genotyp, also die Anlagen, die in den Genen codiert sind und seinen Phänotyp unterscheidet: *Unter dem Phänotyp versteht man jeden Ausdruck der Gene, nicht nur den äußerlichen, sondern auch das Funktionieren des Gehirns bis hin zur Persönlichkeit und Verhaltensweisen.* (Christakis 2019, S. 213).

Die Informationen der Softgene, wo immer sie auch gespeichert sind, können wir als Äquivalent zum biologischen Genotyp betrachten. Und genauso, wie die Gene den Phänotyp formen, können wir als Äquivalent des biologischen Phänotyps kulturelle Verhaltensweisen oder Artefakten als Phänotyp der Softgene betrachten. Dabei gilt, dass der biologische und der kulturelle Phänotyp oft zusammen auftreten: Für Singvögel ist Musikalität überlebenswichtig. Ein Vogel, der falsch singt, findet keinen Geschlechtspartner. Der Gesang der Nachtigall gehört ebenso zum Phänotyp der Nachtigall wie ihr Gefieder. Männliche Zebrafinken (Taeniopygia guttata) entwickeln in ihrer Pubertät eigene Melodien, um ein Weibchen zu betören. Ihr Kulturgut, der Gesang, zusammen mit dem Körper ergeben erst die ganze, in ihrer Ausprägung einzigartige Art Vogel. Der Balztanz der Kraniche, die Wohnhügel von Termiten und die Dämme der Biber sind genetisch bedingte phänotypische Merkmale von Kranichen, Termiten und Biber. Die Fitness einer Radnetzspinne hängt im buchstäblichen Sinne an einem seidenen Faden. Es ist die Spinnenseide zusammen mit der Form und der Statik des Spinnennetzes, also womit, aber auch wie sie ihr Netz spinnt, was erst zusammen eine erfolgreiche Jagd auf Insekten ermöglicht. Gesang, Tanz, Bauwerke und Jagdwerkzeuge sind also bei den entsprechenden Arten phänotypische Ausprägungen der Gene, aber zum Teil auch schon der Softgene. So passen z.B.

Zebrafinken ihren Gesang instinktiv an denjenigen von erwachsenen Artgenossen an (Bergamin 2017). Der Gesang wird also letztlich als Softgen von den Eltern auf die Jungvögel tradiert.

Für den Menschen gilt: „Der Einsatz sozial gelernter Informationen (Kultur) ist zentral für seine Anpassungen an die verschiedenen Umweltbedingungen" (Richerson et al. 2010). Er ist der einzige Primat ohne Fell. Trotzdem ist er in der Regel nicht der „nackte Affe". In Europa, während der Eiszeit, hätte der Mensch ohne Kleidung und ohne ausgefeilte Gerätschaften für die Jagd auf große Landsäuger nicht überleben können. Zu seinem Phänotyp gehört, zumindest damals und dort, Kleidung und Speer. Der Mensch von heute hat noch sehr viel mehr materielle und intellektuelle Güter, und er ist immer weniger in der Lage, ohne diese Dinge zu überleben. So wäre ein Mensch aus einer Stadt wie Berlin, der im Urwald des Amazonas ausgesetzt wäre, kaum in der Lage, auch nur ein Monat dort ohne Hilfe von außen zu überstehen.

Die Weitergabe von Softgenen

Wie im Kapitel Emulation dargelegt, kann Verhalten genetisch fixiert oder auch erlernt sein, also als Hardware oder Software vorliegen. Meistens wirkt aber beides zusammen. Und damit treten neben die Gene gleichberechtigt die Softgene. Dies ist der Fall, wenn, wie beschrieben, Küken von ihren Eltern lernen, wann sie sich tatsächlich in Sicherheit bringen müssen. Es reicht, die Lernfähigkeit genetisch zu codieren, und für das Abbild eines Habichts Neuronen zur Verfügung zu stellen, in die das Bild codiert werden kann. Das passende Verhalten dazu wird kulturell vererbt, indem das Küken sich an älteren Tieren orientiert. Dabei hilft die Anlage zum sozialen Referenzieren. Hunde schauen sich Jagdtechniken voneinander ab; Erdmännchen machen einander vor, wie man mit gefährlicher Beute umgehen muss und zum Teil wird dieses Wissen im Tierreich aktiv vermittelt: *Primaten und Elefanten sind geborene Lehrer.* (Christakis 2019, S. 356).

Lernen aus Erfahrung ist gut, Lernen aus der Erfahrung Anderer ist oft noch besser. Dabei bevorzugen wir entweder Quantität oder Qualität: Wir orientieren uns konformistisch am Mehrheitsverhalten der Bevölkerung oder an Personen mit besonders hohem Status oder Prestige.

Unser Gefühl für Empathie, also die Gefühle Anderer als eigene mitzufühlen, befähigt uns nicht nur zur Barmherzigkeit, sondern vor allem dazu, gefahrlos zu lernen. Wir zucken zusammen, wenn jemand Anderes vor Schmerz brüllt und empfinden mindestens ein Unwohlsein. Auf diese Weise müssen wir nicht selbst jede unangenehme Erfahrungen sammeln, es reicht, wenn ein Anderer in unserer Gegenwart auf die heiße Herdplatte fasst: Aus dem Missgeschick Anderer zu lernen, klappt um so besser, je stärker wir des Mitleidens fähig sind.

Am besten aber ist Lernen aus den Erfahrungen der Vorfahren, weil hierbei angesammeltes und vielfach evaluiertes Wissen zur Verfügung steht. Wir geben eine Fülle von Informationen an unsere Kinder weiter, die wir selbst schon übernommen haben und ohne die schon unseren Vorfahren kaum überlebt hätten. Jeder von uns lernt zuvorderst von seinen Eltern und Geschwistern. Später lesen wir vielleicht die Bibel oder gar den Knigge, um das richtige Verhalten in der Gesellschaft einzuüben. An Universitäten wird Wissen vermittelt, das uns befähigt, ein Auto, eine Kathedrale oder einen Luftballon zu fertigen oder wie man Geige spielt. Ein gutes Beispiel für Softgene sind Patente, also klar umrissene Bausteine, die die Grundlage unserer technologischen Entwicklung darstellen. Heute erbt die nachfolgende Generation Bibliotheken voller Wissen über die Welt und Wikipedia, zusammengetragen von allen Generationen vor uns und ergänzt und erweitert von der gesamten heutigen Menschheit.

Sprache

Damit Erfahrungen von Artgenossen nicht ständig wieder verloren gehen, und vor allem, um sie auch der nächsten Generation zugänglich zu machen, sind höhere Formen der Kommunikation notwendig. Der Mensch hat die Vererbung von Erfahrungen wie kein anderes Lebewesen vor ihm kultiviert, und dafür war einer der bedeutendsten Kulturentwicklungen nötig: Sprache. Mit der Sprachentwicklung haben wir ein überzeugendes Beispiel dafür, wie die Gruppe die Individualselektion beeinflusst.

Je bedeutender die Softgene in der Entwicklung der Hominiden werden, desto notwendiger wird „Sprache". Das ist leicht einzusehen: Gruppen von Hominiden, die eine Kultur der Waffentechnik entwickeln, wie feuergehärtete Lanzen und Steinbeile und die Handhabung dieser Waffen zuverlässig vermitteln können, haben einen erheblichen Vorteil gegenüber Hominidenhorden, die diese Fähigkeiten weniger gut weitergeben können.

„Sprechen können" verlangte eine Anpassung der Gene. Um Sprechen zu lernen, muss sich nicht nur die Anatomie des Kehlkopfes verändert haben, denn, was und wie wir sprechen können, hängt eng mit unseren Gehirnstrukturen zusammen. Ein Kind benötigt ein ausgeklügeltes Sprachzentrum, das die Wörter, die Wortbedeutungen, die Regeln der Verknüpfung zu Satzgebilden und vieles andere aufnehmen und verarbeiten kann, was zusammen erst eine Sprache ermöglicht. Diese Gehirnstrukturen sind angeboren, genauso wie die Bereitschaft, sich Sprache anzueignen. In diesen Zusammenhang ist auch die Hypothese über die Universalgrammatik zu stellen, die vor allem von Noam Chomsky vertreten wird. Ihr zufolge würden *alle*

(menschlichen) Sprachen gemeinsamen grammatischen
Prinzipien folgen und diese Prinzipien allen Menschen
angeboren seien. (wikipedia 05). Aber, ob das Kind
nun Deutsch oder Englisch lernt oder eine
Gebärdensprache, ist von seiner Umwelt abhängig:
Gene und Softgene bilden eine flexible, aber
untrennbare Einheit.

Schmackhaftes

Wie grundsätzlich unser Überleben von tradiertem
Vorwissen über unsere Umwelt abhängt, zeigen uns
u.a. unsere nahen Verwandten. Schimpansen fressen
gelegentlich Insekten und das Fleisch kleinerer
Wirbeltiere, aber hauptsächlich ernähren sie sich von
pflanzlicher Nahrung. Im Urwald wachsen Tausende
von Pflanzenarten, aber nur wenige davon sind für die
Ernährung eines Schimpansen geeignet. Jede Pflanze
besitzt ihre eigene Zusammensetzung an Nährstoffen
und verfügt über unterschiedliche Energiemengen, ja
schon die einzelnen Teile einer einzigen Pflanze sind
höchst unterschiedlich genießbar. Schlimmer noch ist,
dass einige Tiere und Pflanzen sogar giftig sind und
Schimpansenkindern schlecht bekommen würden. Ein
junge Affe steht vor der Aufgabe, sich aus dem
unübersehbaren Angebot eine Kombination an
Pflanzenteilen und Kleintieren zusammenzustellen,
sodass er weder verhungert, noch sich vergiftet. Würde
er anfangen, alle möglichen Pflanzenteile
auszuprobieren, um die Aufgabe nach dem Prinzip von
Versuch und Irrtum zu lösen, würde er seine Abstillzeit
kaum überleben. Es gibt nur einen Ausweg aus diesem
Dilemma: Unser kleiner Schimpanse muss schon in der
Zeit, in der er noch gestillt wird, von der Mutter lernen,
was sie zu sich nimmt. Und tatsächlich beginnt ein
Schimpansensäugling bereits im Alter von wenigen
Monaten, nach der Nahrung zu greifen, die die Mutter
zu sich nimmt und etwas davon zu naschen. Auf diese

Weise lernt das Baby, wie eine gute Schimpansenmalzeit aussieht, wie sie riecht und wie sie schmeckt. Es verfügt also schon, bevor es endgültig abgestillt ist, über das kulturelle Wissen, was sich als Nahrung eignet und bewährt hat.

Bei Menschen ist das nicht ganz anders: Ich zeige meinem Kind einen Knollenblätterpilz (Amanita phalloides) und erkläre ihm, dass dieser Pilz giftig ist. Das Kind wird diese Informationen lernen, indem es sich das Bild dieses Pilzes zusammen mit der Information über die Giftigkeit einprägt. Und es wird diese Informationen mit anderen schon vorhandenen Informationsinhalten verknüpfen, zum Beispiel mit dem Geschmack von Pilzen und der Erinnerung an sein Kaninchen, das gestorben ist. Auf diese Weise entsteht eine Replikation der Information: „Es ist tödlich, diesen giftigen Pilz zu essen." Die Bedeutung der Information liegt darin, dass sie meinem Kind hilft, seine Umwelt besser zu beherrschen; sie verschafft ihm einen Überlebensvorteil. Irgendwann wird mein Kind dann dieselbe Information, dasselbe „Softgen", an seine Kinder weitergeben.

Von der Kindesseite her betrachtet hat die Evolution ebenfalls vorgesorgt, denn sie hat voreingestellt, wie und wann und was es über das Essen zu lernen gibt. Für ein Kleinkinder in prähistorischer Zeit ist die gefährlichste Zeit dann gekommen, wenn es von der sicheren Nahrungsquelle „Mutterbrust" zu Nahrung wechseln, die irgendwo aus der Umgebung stammt. Die Lenkung der Nahrungsaufnahme erfolgt zunächst über den Geschmackssinn. Süss, umami oder auch sauer und bitter sind Geschmacksqualitäten, die durch Erbanlagen fixiert sind. Süßes, Fettes oder Eiweißhaltiges bietet in der Regel energiereiche Nahrung. Bitteres und Saures ist eher zu meiden. Pflanzen warnen mit Letzteren möglicherweise vor dem Verzehr von Unreifem oder gar Giftigem. In den ersten zwei Jahren isst das menschliche Kleinkind praktisch alles, was die Mutter ihm vorsetzt, es sei denn, es ist zu sauer oder zu bitter. Danach ist diese Lernphase vorbei. „Neophobie" ist der Fachausdruck für das, was Väter und Mütter bei größeren Kleinkindern in den Wahnsinn treibt: „Neophobie" ist die Ablehnung von Speisen, die das Kind nach dieser Lernphase noch nicht kennt. Ihre starke Neigung zur Neophobie schützt Kleinkinder davor, selbst zu explorieren und dabei versehentlich statt Kirschen Tollkirschen zu naschen. Diese Ablehnung von Ungewohntem überwinden die Kinder erst allmählich wieder, indem sie sich am Verhalten von anderen Menschen in ihrem Umfeld orientieren und von ihnen lernen.

Als unsere Vorfahren aus Afrika auswandern, verbreiten sich ihre Nachfahren über die ganze Welt und sind mit sehr unterschiedlichen Nahrungsangeboten konfrontiert: Von Ananas bis Zucchini, von Robbentran als Hauptkalorienquelle bei den Inuit im hohen Norden bis zu bestimmten Insekten als Proteinquellen in Mexiko. Das Problem ist immer: Wie unterscheidet man einen Champion von einem Knollenblätterpilz, ohne sich auf tödliche Verzehrexperimente einzulassen? – Der sicherste Weg ist, auf die Erfahrungen Anderer zurückzugreifen. Bei fehlenden Vorerfahrungen müssen Mutige neue Erkenntnisse gewinnen. Sicherlich ein Grund, warum wir Menschen, die uns nützliches Wissen hinterlassen haben, in hohen Ehren halten. Denn einige von denen haben ihren Mut, neues auszuprobieren, wahrscheinlich mit dem Leben bezahlt.

Konformität und Verhalten

Eine der wichtigsten und weitreichendsten Folgerungen aus der Softgen-Theorie ist, dass Kulturgüter ebenso konservativ tradiert werden müssen wie die Gene. Wir beobachten, dass sich die Ideen, Praktiken, Fähigkeiten, Einstellungen, Normen, Kunststile, Technologien, Sprechweisen und andere Elemente der Kultur im Laufe der Zeit verändern, aber wir sehen vor allem, dass beharrliche Traditionen existieren. Das, was unter dem Begriff „geheimnisvolles Muster" diskutiert wurde, zieht sich auch durch unsere gesamte Kultur: Es ist die Replikation des schon Bestehenden. Kultur bringt vor allem immer wieder dieselbe Kultur hervor, dieselbe Sprache, dieselben Rituale, dieselben Techniken und über die Jahrhunderttausende betrachtet in den meisten Zeiten nur wenige Neuerungen. Evolution ist vor allem ein Bewahren, weil es zu viele Mutationen gibt, die zum Schlechteren führen. Die *„Erhaltung bereits vorhandener Funktionalität"* ist ein Grundproblem der Evolution (Krauß 2021, S. 6). Der Evolutionsprozess selektiert daher nicht in erster Linie vorteilhafte Mutationen. Vielmehr *besteht die Selektion in der Regel in sogenannter stabilisierender oder negativer Selektion, die im Gegensatz zur wesentlich selteneren gerichteten oder positiven Selektion gegen Veränderungen des Genoms wirkt.* (Krauß 2021, S. 7). Ein Vorteil der genetischen Fixierung von Informationen in der DNA liegt darin, dass dieser Speicher relativ gut gegen Veränderungen geschützt ist. In Zellen kennen wir eine ganze Anzahl von Prüf- und Reparaturmechanismen, die verhindern, dass sich das Erbgut bei der Weitergabe auf die nächste Generation wandelt. Auch für Softgene sollten Mechanismen existieren, die die Verbreitung nützlicher Softgene fördern (positive Selektion), die aber vor allem das

Überlieferte und Bewährte vor Veränderungen schützen (negative Selektion).

Wir können heute anhand von Genveränderungen nachvollziehen, wie sich der Stammbaum der Menschheit entwickelt hat. Es gibt eine genetische Uhr, anhand der wir abschätzen können, wann sich einzelnen Hominidenarten auseinander entwickelt haben. Die Grundlage dieser Zeitmessung bildet die Anzahl von Mutationen seit der Aufspaltung – und die Pfadabhängigkeit. Pfadabhängigkeit meint hier, dass jede Generation von Genen– bis auf geringe Abweichungen – auf die Vorgängergeneration zurückgeführt werden kann.

Das Broca-Areal und das Wernicke-Zentrum als Gehirnorte unserer Sprachverarbeitung haben sich in Koevolution mit unserer menschlichen Kommunikation entwickelt. Das konnte nur gelingen, weil sich Sprache und Sprachinhalte in einer ununterbrochenen Folge von den Eltern auf die Kinder übertragen haben, ohne dass es dabei in einer Gemeinschaft zu größeren Abweichungen kam. Und ähnlich wie Gene wandeln sich Sprachen langsam und pfadabhängig: Jede Weiterentwicklung baut auf der vorherigen auf.

Ähnlich wie die Ursprungsformen der Genome von Hominiden können wir auch Ursprungsformen von Sprachen rekonstruieren. Ein Beispiel ist das „Indogermanische". Es bildet die Wurzel alle Sprachen, die wir heute in einem weiten Gebiet von Indien (indo-) bis Westeuropa (germanisch) vorfinden. Bei geschriebenen Texten haben wir alle einen, konformes Schreiben erzwingenden Mechanismus in der Schule kennengelernt – die häufige Abweichung von der Rechtschreibung wird mit schlechteren Schulnoten sanktioniert.

Die Mechanismen, die begünstigen, dass sich kulturelle Elemente möglichst unverändert erhalten, werde ich Konformismus nennen. Der Begriff steht hier für ein ganzes Bündel verschiedener Verhaltensdispositionen,

138

die verhindern, dass sich Kulturbausteine verändern. Schon bei Vögeln gibt es zum Erwerb des arteigenen, oft als regionalen Dialekt eingefärbte, „Sprache" ein Zeitfenster. Nur in den ersten Monaten übernehmen die Jungvögel ihren Gesang von denjenigen, die sie täglich hören – ihren Eltern. Dieses Zeitfenster begünstigt die korrekte Wiedergabe der traditionellen Lieder. Von Hand aufgezogene Jungvögel bringen im Erwachsenenalter *nur eine verkümmerte, unnatürliche Version des normalen Gesangs und der sozialen Lautäußerungen von Erwachsenen ihrer Spezies hervor.* (Safina 2022, S. 202). Dieses Verkümmern der Lernfähigkeiten kann als ein erster Hinweis darauf interpretiert werden, dass nur eine bestimmte Art von Gesang erworben werden soll: die Arteigene, von den Eltern Übernommene. Thibaud Gruber vom Swiss Center For Affective Sciences in Genf vermutet auch bei Schimpansen und Orang-Utans eine Art Konservatismus und funktionale Gebundenheit. Die Affen verlassen sich auf das ihnen schon bekannte Wissen. Die „funktionale Gebundenheit" verhindere dann, dass mögliche innovative Erfindungen gemacht würden (Becker 2021, S. 112 f.). Bei Gehaubten Kapuzineraffen wurden in unterschiedlichen Populationen verschiedenen Formen des Hämmerns, um an das Innere von hartschaligen Nüssen zu gelangen, beobachtet. Diese verschiedenen Kulturtechniken in den verschiedenen Gruppen basieren weder auf Genen noch sind sie auf Nahrungsknappheit zurückzuführen: Sie beruhen auf einem tradierten Verhalten, das sozial erlernt ist (Becker 2021, S. 25). Bei Schimpansen lässt sich nachweisen, dass bestimmte Ambossplätze zum Teil mindestens seit 700 Jahren von ihnen benutzt werden (Becker 2021, S. 30). Es gibt also Belege dafür, dass eine Art des konformen Verhaltens auch bei Primaten zu finden ist.

Als die wichtigste Voraussetzung für Konformismus können wir unsere Lernbereitschaft benennen. Sie ist Voraussetzung dafür, dass überhaupt Wissen über Generationen hinweg weitergegeben werden kann. Unsere Veranlagung zum sozialen Referenzieren, unsere Bereitschaft, Softgene zunächst vorzugsweise von den Eltern, und später von den Erfolgreichsten oder von der Mehrheit zu übernehmen, sind weitere Bausteine. Wir finden das Bewahren von Softgenen in dem Begriff „Tradition", politisch im Konservatismus. Eine Grundlage der meisten religiösen Überlieferungen ist die Verehrung und Anbetung verstorbener Vorfahren, deren Geister irgendwie weiterlebten (Tomasello 2016, S. 202). Nicht zuletzt deswegen formuliert auch das Alte Testament im fünften Gebot: *„Ehre deinen Vater und deine Mutter, so wie Jehova, dein Gott, dir geboten hat."* (5.Mose5.16, Elberfelder Bibel 1905). Denn mit den Altvordern ehren wir auch deren Ansichten, deren Wissen und übernehmen so ihre Softgene möglichst unverändert.

Wir alle sind daran interessiert, in einer stabilen Umwelt zu leben, und dazu gehört auch eine stabile soziale Umwelt. *Wenn man genau darauf achtet, dann stellt man fest, dass sich die allermeisten Menschen an die allermeisten Regeln halten.* (Warkus 2018). Das Verhalten der Gruppenmittglieder ist damit gut vorhersehbar, was zu einem Gefühl der Sicherheit beiträgt. Der Konformismus hält uns dazu an, gesellschaftliche Rahmenbedingungen einzuhalten und bringt uns dazu, politische, soziale und religiöse Verhaltensregeln zu verinnerlichen.

Sozialforscher unterscheiden grob drei Arten von Einfluss der Gruppe auf den Einzelnen: Gruppenmittglieder (1) beugen sich Druck bzw. reagieren auf einen Anreiz von außen, (2) sie übernehmen soziale Normen in ihr Weltbild, handeln also aus Überzeugung, oder (3) sie orientieren sich an der Mehrheit (Gelitz 2020).

Jeder Mensch kann sich in der Regel bei jeder Entscheidung auf zwei Instanzen stützen: Auf seine eigene Urteilskraft und auf die Meinung der anderen. Je weiter die eigene Wahl und konforme Entscheidung auseinander klaffen, desto eher wird der Mensch auf die Mehrheit hören und seiner eigenen Urteilskraft misstrauen. Es ist ein Schlüsselfaktor sozialer Einflussnahme, dass wir uns an unseren Mitmenschen orientieren. Neuere Forschungen weisen darauf hin, dass wir Geisteshaltungen unbewusst übernehmen und wir uns erst dann auf die Suche nach Argumenten machen, mit denen wir unsere Meinungen absichern können (Cialdini 2001, S. 61).

Emotional scheinen wir unseren „Wissensschatz" wie materielle Güter zu bewerten. Wir reagieren auf Gewinne oder Verluste unterschiedlich, auch wenn beides gleichwertig ist: Wir trauern einem verlorenen 50 Euroschein mehr nach, als wir uns über einen Gewinn von 50 Euro freuen würden. Nach diesem Besitztumseffekt messen wir Dingen, die wir besitzen (und verloren haben), einen höheren Wert zu, als Dingen, die wir nicht besitzen (aber gewinnen). Diese kognitiven Verzerrungen des Besitztumeffekts und der „Verlustaversion" treten nun nicht nur bei Objekten oder Geld auf. Raffinierte psychologische Versuchsanordnungen konnten zeigen, dass wir auch weniger bereit sind, auf Informationen zu verzichten, die uns schon versprochen worden sind – uns also gewisser Maßen schon gehören – auch wenn uns dafür der Gewinn von mehr Informationen winkt: „Menschen hängen an Informationen wie an Gegenständen."

Insgesamt gilt: Die Beharrungskräfte einer Kultur sind gewaltig, sie machen es schwierig, überkommene Ideen, Ansichten und Verhaltensweisen zu verändern – Traditionen, Sitten und Gebräuche und nicht zuletzt Heimatliebe und Nationalstolz halten uns dazu an, an Überkommenem festzuhalten, Verluste von Gewissheiten schmerzen uns. Die Gesamtheit dieser

141

Mechanismen machen es beinah unmöglich, einen schnellen kulturellen Wandel in einer Gesellschaft herbei zu führen. Das mag der Grund sein, warum die Amerikaner im Irak zwar den Krieg gewinnen, nicht aber einen demokratischen Staat westlicher Prägung errichten konnten. In Afghanistan konnte das westliche Bündnis nicht einmal den Krieg gewinnen und eine Demokratie aufzubauen. Sie scheiterten auch dort am Widerstand der tief verwurzelten Stammestraditionen.

Rhapsoden

Konformismus können wir als Mechanismus der dauerhaften Speicherung von einmal erworbenem Wissen ansehen. Rituale helfen uns dabei, Konventionen und Traditionen zu verinnerlichen und zu bewahren. Konformität fängt mit der Sprache an. Wir würden uns nicht unterhalten können, wenn nicht Worte, Grammatik und Aussprache von Generation zu Generation vererbt würden, ohne dass sich viel ändert. Ein Indiz für Konformität bezüglich der Sprache ist die erstaunliche Fähigkeit, Mythen und Erzählungen über Jahrhunderte mündlich (und später auch in Schriftform) zu bewahren. Der Verfasser der Odyssee muss von vornherein gehofft haben, dass sein Werk eine weite und lang andauernde mündliche Verbreitung finden wird, denn es ist in epischer Reimform, in Hexametern, verfasst. Durch den Rhythmus der Versform lässt sich der Text besser erinnern. Die Versform verhindert außerdem, dass sich bei der Überlieferung zu viele Fehler einschleichen, denn ein Fehler wird in der Regel das Versmaß stören. Es ist also sozusagen eine Prüfcode eingearbeitet, der auf Veränderungen hinweist. Die um 720 v. Chr. entstandene Urfassung wurde Jahrhunderte lang von sogenannten Rhapsoden weiter getragen und zu Gehör gebracht, ehe sie schriftlich niedergelegt wurde.

Kanonisierung und Normierung

Bei der Unterrichtung unserer Kinder geht es fast immer um dasselbe: Wir lehren sie essen, wie wir selbst essen, sprechen, wie wir selbst sprechen, wir bringen ihnen dieselben Verhaltensweisen und Manieren bei, die wir von allen unseren Mitbürgern erwarten. Wir lehren sie Mathematik und freuen uns, wenn sie eine Berechnung am Dreieck in derselben Art beherrschen, wie schon Pythagoras das Problem gelöst hätte. Wir lernen als Schüler, dass nicht die Sprachlogik sondern die Dudenredaktion über die richtige Schreibweise wacht und dass Lehrer uns mit schlechten Noten sanktionieren, wenn wir von der verlangten Schreibweise abweichen.

Mit der Verbreitung von Softgenen geht oft ihre Kanonisierung einher: Schon die alten Griechen glauben in ihrem gesamten Dasein an den erzieherischen Wert des Vorbildes. *Was als richtig erkannt war, sollte Kanon und Norm sein.* (Conti 2000). Dies führt in der Baukunst zum Norm-Tempel, es gibt eine feste Säulenordnung, auf die die gesamte Architektur der Tempel fußt. So wurden Tempel i.d.R. nicht immer neu erdacht und konstruiert, sondern sie wurden nach dem Vorbild bewährter Bauten errichtet. Abweichungen von der Norm galten mindestens als stillos. Aus diesem Grund können wir überhaupt so etwas wie die Dorische, Ionische oder Korinthische Säulenordnung, in späteren Jahrhunderten Stilepochen wie die Gotik, die Renaissance oder das Barock identifizieren.

Und selbst die Götter, die in den griechischen und römischen Tempeln wohnen, erfahren mit dem Monotheismus eine gewisse Art von Normierung: Im Trojanischen Krieg kämpfen die griechischen Götter gegeneinander und die verschiedenen Götter erwarten ein in Teilen unterschiedliches moralisches Verhalten von den Menschen, die an sie glauben. Für die monotheistischen Religionen aber gilt: Ein Gott, ein Wort, und nach diesem Wort haben sich alle zu richten – aber davon später mehr.

Heute gibt es für Gebäude eine Bauordnung, die vorschreibt, wie gebaut werden darf. Und zu den technischen Geräten gibt es Baupläne, nach dem etwas immer und immer wieder identisch zusammengebaut werden kann. DIN-Normen (**D**eutschen **I**ndustrie **N**ormen) helfen dabei, dass auch tatsächlich alle Bauteile zusammenpassen und eine genaue Replikation erfolgen kann. Der Amerikanist Klaus Peter Hansen sieht Normierung geradezu als Kern jeder Kultur: Kultur sei als von Kollektiven getragene Standardisierung aufzufassen (Nakoinz 2009). Wie wichtig Konformismus in Wirtschaft und Technik ist, lässt sich nicht nur an den DIN ablesen, sondern auch z.B. am Euro: Die Normierung auf ein und dasselbe Zahlungsmittel hat eine so gewaltige wirtschaftliche Bedeutung, dass eine ganze Anzahl von europäischen Staaten dafür auf ein Stück Souveränität verzichten. Normen sind für die Naturwissenschaftler und Ingenieure von herausragender Bedeutung. Sie haben viel Mühe darauf verwendet, ihre grundlegenden Einheiten: Sekunde, Meter, Kilogramm, Ampere, Kelvin, Mol und Candela genau und allgemeingültig zu definieren. Und daran sollten sich dann auch alle halten! Als die 125 Mio. teure Marssonde Climate Orbiter der NASA 1999 auf dem Marsboden zerschellte, lag es nicht an einem technischen Versagen, sondern daran, dass die beteiligten Ingenieure in verschiedenen Maßeinheiten gerechnet hatten, die einen in Fuß, die anderen in Metern. Es war ein sehr teurer Clash of Cultures zwischen US-Normen und EU-Normen. Ein weiteres schönes Beispiel für die Konstanz von Softgenen ist auch die Zitierpflicht in den Wissenschaften: Sie gewährleistet, dass wissenschaftliche Erkenntnisse unverändert übernommen werden.

144

Erzwungene Konformität

Wir können vermuten, dass der Konformismus in uns vor langer Zeit angelegt wurde, denn wir fordern konformes Verhalten weniger mit Argumenten, sondern eher mit Emotionen ein: Wir empfinden Wut über Abweichungen und Glücksgefühle bei Übereinstimmungen.

Innerhalb einer Kulturgruppe gibt es einen *Selektionsdruck in Richtung Imitation und Konformität.* (Tomasello 2016, S. 216). Kulturnormen werden verteidigt, es gibt eine Aggressionsneigung gegen nonkonformes Verhalten. Sie wendet sich innen gegen Abweichler, nach außen gegen Fremde. Innerhalb einer Gemeinschaft gilt: Wer aus der Rolle fällt, bekommt Probleme. Wir geraten in Wut, wenn jemand kulturelle Normen verletzt: Jemand nimmt mir die Vorfahrt, schmeißt mir Müll in den Vorgarten oder furzt laut bei Tisch. Alles Sachen, die „man nicht macht". Unser Gefühl für Scham bewirkt, solche Dinge zu unterlassen. Auf der institutionellen Ebene zwingen uns Strafgesetz und Bürgerliches Recht, uns konform zu verhalten. Die Sanktionen durchlaufen verschiedene Eskalationsstufen: Es beginnt mit Hänseln, Auslachen und Verspotten, mit Mobbing. Eine große Rolle spielen dabei Klatsch und Tratsch als Mittel zur sozialen Normkontrolle. In Fällen, die als „kriminell" eingestuft werden, kann ein Verurteilter sogar durch eine Gefängnisstrafe aus der Gesellschaft ausgeschlossen werden.

In der Fremde fühlt sich ein Individuum entwurzelt, der Verlust der eigenen kulturellen Umgebung wirkt nur schwer erträglich. Gleichzeitig schlägt einem Fremdling nicht selten Ablehnung entgegen, z.T. sogar Fremdenhass. Die fremde Kultur erwartet, dass sich das neu hinzugekommene Individuum an sie anpasst. Das wusste man schon in der Antike: „Bist du in Rom, benimm dich wie ein Römer" (Si fueris Romae,

Romano vivito more!) Anderenfalls drohen Sanktionen, bis hin zur Ablehnung, zu Rassismus. Auf Rassismus als weitreichende Folgerung aus dem Konformismus, der durch die Softgene erzwungen wird, kann hier zunächst nur hingewiesen werden, die Erörterung dieses Aspektes bedarf eines eigenen Buches.

Religiöse Konformität

Soldaten werden in Uniformen gesteckt, was sie sogar in ihrer Erscheinung normiert, sie haben im Gleichschritt zu marschieren und sind sicherlich das eindrücklichste Beispiel für erzwungene Konformität. Im zivilen Leben finden wir den stärksten Druck zur Konformität bei Religionen oder Ideologie. Mit ihrem 1542 gegründeten Heiligen Offizium, dem Sitz der Inquisition (heute: Kongregation für die Glaubenslehre) schuf die Katholische Kirche eine Institution, die jegliche Abweichung vom rechten Glauben als Ketzerei brandmarkt und ausmerzt. Ähnlich verhält es sich in den kommunistischen Staatsgebilden, wo Abweichungen von der offiziellen reinen Lehre mit Gulag und Hinrichtungen geahndet werden. Natürlich gibt es, in Bezug auf Religionen die Möglichkeit, dass ein Mensch freiwillig zu einem Glauben konvertiert, aber das ist die Ausnahme. In der Regel erbt man seinen Glauben. Katholiken bekommen Söhne und Töchter, die Katholiken werden, Protestanten zeugen Kinder, die später dem protestantischen Glauben anhängen, in Staaten mit islamischen Staatsreligionen werden die Kinder Moslems und in Indien werden sie, wenn sie in einem hinduistischem Haushalt aufwachsen, Anhänger des Hinduismus. Von Generation zu Generation übertragen, konnten sich diese Weltreligionen beharrlich erhalten, selbst wider aller rationaler Erkenntnissen. Religionen haben sich als nahezu resistent erwiesen, wenn es darum geht, sich an neu erworbene Erkenntnisse oder an den gesellschaftlichen Wandel anzupassen, ein starker Beleg für den Konformismus in Hinblick auf die Bewahrung von Softgenen.

Daneben werden Religion mit Feuer und Schwert verbreitet. Sinn der Zwangsbekehrung ist die religiöse Normierung. Vielerorts wird die Staatsgewalt als göttliche Ordnung aufgefasst und die jeweiligen Herrscher fühlen sich berechtigt, die staatlich anerkannte Religion durchzusetzen. Dies lässt sich ebenso im alten Ägypten wie im antiken Griechenland oder im Kaiserkult des Römischen Reiches nachweisen. Mit Kaiser Konstantin wird 380 das Christentum Staatsreligion im Römischen Reich, und auch im Mittelalter des Heiligen Römischen Reichs stellt das katholische Christentum bis zu Beginn der Frühen Neuzeit faktisch die Staatsreligion dar. *Häresie, also religiöse Abweichungen innerhalb der Kirche, werden nach dem Reichsrecht verfolgt.* (wikipedia 07) Schon Montesquieu war aufgefallen, dass jede verfolgte Religion ihrerseits mit Verfolgungen beginnt, sobald sie sich etabliert hat, sie also anfängt, Konformismus einzufordern (Godman 2001, S. 248). Konformität gegenüber dem Glauben ist Pflicht, und so heißt das erste der zehn Gebote: „*Du sollst keine andern Götter haben neben mir.*" (2.Mose20.3, Elberfelder Bibel 1905). Abweichler, also Ketzer, wurden und werden – zum Teil heute noch – erbarmungslos verfolgt. Dort, wo Religionen immer noch den Alltag bestimmen, gilt nach wie vor: wehe dem, der nicht konform des Glaubens lebt.

Ungläubige werden mindestens als unmoralisch angesehen. Denn da Atheisten den vorgeschriebenen moralischen Gesetzen der jeweiligen Religion nicht unterliegen, sind sie nicht nur ungläubig, sondern moralisch minderwertig und dürfen im Zweifelsfalle umgebracht werden. *Selbst in säkular geprägten Ländern wie Australien, China, Tschechien, den Niederlanden oder Neuseeland* traut man *Atheisten*

147

eher Untaten zu. Die Vorstellung vom unmoralischen Atheisten speise sich aus der Idee, dass Ungläubige keine göttliche Strafe für verwerfliches Handeln fürchten müssten. (Herrmann 2017). Den Zusammenhang zwischen Religion und Moral werden wir später noch vertiefen.

Kooperation und moralisches Verhalten

Eine höher entwickelte Kultur ist ein Phänomen einer Gruppe von Individuen. Nur gemeinschaftlich können Kulturbausteine, die nicht in den Genen verortet sind, Stein für Stein zu einem immer komplexer werdenden Gebäude aufgetürmt werden. Da aber ein kooperatives Individuum vordergründig Ressourcen für die Gruppe opfern muss, die es nicht für seine eigenen Zwecke verwenden kann, ist die Entstehung von Kooperation aus der Evolution heraus nicht ohne weiteres zu erwarten. Denn nach Dawkins sind Gene egoistisch! Betrachten wir nun also den Zusammenhang zwischen Evolution, Kooperation und Kultur etwas genauer. Kooperation kann sich überall dort entwickeln, wo der eigene Erfolg vom Verhalten anderer abhängt. Einer der Gründe, warum sich Kooperation gegenüber dem Konkurrenzverhalten evolutionär durchsetzen konnte, mag in den Vorteilen der Brutpflege ihren Ursprung haben. Die Betreuung des Nachwuchses ermöglicht, die Anzahl der Nachgeborenen zu reduzieren, weil die Überlebenswahrscheinlichkeit der Kinder durch den Schutz steigt, den die Mutter oder die Eltern bieten. Die Reduzierung der Anzahl der Nachkommen wird dabei durch Qualität kompensieren. Das ist von Vorteil, weil Quantität Ressourcenverschwendung ist, da i.d.R. ein Großteil des Nachwuchses untergeht. Dazu kommt, dass es insbesondere durch die gemeinsame Brutpflege möglich wird, Nachkommen in einem unreiferen Entwicklungsstadium zur Welt zu bringen, was für die Entwicklung zum H. sapiens von großer Bedeutung ist. Kooperation bezieht sich bei uns Menschen aber nicht nur auf die Arbeitsteilung von Frauen und Männern, um Kinder großzuziehen, sondern betrifft unsere gesamte Lebensgestaltung. Wir haben einen, uns von der Evolution mitgegebenen, emotionalen Hang zur Kooperation innerhalb unserer Gemeinschaft, den wir nur durch starke kognitive Anstrengungen überwinden können (de Waal 2015 (1), S. 70). Sarah Blaffer Hrdy nennt es eine *festverdrahtete Kooperationsbereitschaft*. (Hrdy 2010, S. 15). Testet man zweijährige Schimpansenkinder und zweijährige Menschenkinder auf motorische Fähigkeiten hin, haben die Affen einen Vorsprung. Werden aber soziale Interaktionen getestet, dann sind Menschenkinder den kleinen Schimpansen haushoch überlegen (Bahnsen & Schnabel 2012). Hoch entwickelte Kompetenzen, wie unsere „Soziale Intelligenz", unterscheiden uns deutlich von den anderen Primaten und vom übrigen Tierreich. Soziale Intelligenz meint die Fähigkeiten, mit anderen mitzufühlen, sie zu verstehen und zu beeinflussen. Wir vermögen es, uns in andere Personen hineindenken und auf diese Weise die Folgen unserer Entscheidungen und Handlungen einschätzen. Wir können die Handlungen, Entscheidungen und Wünsche der anderen verstehen und uns entsprechend verhalten. Das ist für eine effektive Kommunikation zwischen Mitmenschen unerlässlich. Was uns auszeichnet, sind nicht nur unsere individuellen Fähigkeiten, etwa, dass wir Klavier spielen können, sondern, dass wir als Orchester musizieren können. Erst aus dieser Kooperationsfähigkeit heraus konnte der H. sapiens seine Kultur so hoch entwickeln.

Aber es steckt noch etwas anderes, durchaus geheimnisvolles in der Kooperation! Sie ist eine Triebfeder der Emergenz. Es gibt in der Evolution sogenannte große Übergänge (major transitions), deren Charakteristikum der Zusammenschluss mit Arbeitsteilung ist. Die zwei vielleicht bedeutendsten sind zum einen, dass sich DNA-Stücke in einem Genom vereinen, zum anderen, dass sich im Kambrium erste Zellen zu höheren Organismen organisieren.

Damit gewinnen alle Beteiligten einen zusätzlichen Vorteil. Die individuelle Zelle stellt ihre speziellen Fähigkeiten in den Dienst eines Körpers, der Körper stellt der einzelnen Zelle Nährstoffe zur Verfügung. Dadurch wird es möglich, völlig neue ökologische Nischen zu besetzen. Das sind zwei dieser Großereignisse, wobei jeweils die Konkurrenz durch Kooperation abgelöst wird.

Das Geheimnisvolle daran ist, dass etwas gänzlich Neues dabei entsteht! Zweifellos stellt die Entwicklung der menschlichen Zivilisation, die zu einem großen Teil auf Kooperation aufbaut, einen weiteren großen Übergang dar. Und innerhalb dieser Kulturentwicklung finden wir dann Großem Übergänge bei den bahnbrechenden Innovationen wie die Erfindung der Dampfmaschine oder des Computers im Anthropozän, die zu Evolutionssprüngen in der Kultur führen.

Nullsumme und Mehrwert

Betrachten wir die Vorteile der Kooperation etwas genauer: Poker ist ein sogenanntes Nullsummenspiel. Die Menge des Geldes, das am Tisch eingesetzt wird, bleibt immer gleich, es wechselt im Laufe des Spieles nur den Besitzer. Auch Gewaltausübung ist in den meisten Fällen höchstens ein Nullsummenspiel: Das, was der Eine gewinnt, verliert der Andere, gelegentlich verlieren Beide. Alle früheren Kriege und die meisten heutigen sind solche Nullsummenspiele – man vereinnahmt Bodenschätze und raubt Nahrungsgüter presst Abgaben aus der unterlegenen Bevölkerung oder versklavt sie. Bei einer Kooperation verhält es sich anders: Entfernt ein Bonobo seinem Kumpel die lästigen Zecken und sonstige Parasiten, und sein Kumpel revanchiert sich mit einem ähnlichen Freundschaftsdienst, so haben beide eine Menge mehr vom Leben, ohne dass die Kosten besonders hoch sind.

Gegenseitige Unterstützung und auch der Schutz, den eine Gruppe bietet, zahlen sich für jeden einzelnen in der Affenhorde aus.

Für den H. sapiens wird die Hinwendung zu kooperativem Verhalten spätestens bei der eiszeitlichen Jagd auf Mammuts zwingend: Kein Jäger kann als Einzelgänger solche großen Tiere erlegen und er könnte den Kadaver anschließend auch nicht gegen konkurrierende Raubtiere wie Säbelzahntiger oder Höhlenbären verteidigen. In eiszeitlichen Gefilden können unsere Vorfahren nur in einer kooperierenden Gemeinschaft überleben.

Allgemeiner gilt, auch wenn wir es vielleicht nicht direkt als Kooperation betrachten möchten. Das gesamte globale Leben, Gaia, ist ein gewaltiges Räderwerk: jedes Zahnrad trägt zum Funktionieren des Räderwerkes bei und jedes Teil ist abhängig vom großen Ganzen. Ökosysteme sind biologische Ökonomien auf der Basis der Nachhaltigkeit. Das kann nur funktionieren, wenn alle davon letztlich profitieren. In unserer modernen Welt heißt dieses Zusammenspiel vielfach: Arbeit gegen Lohn. Die Arbeitsteilung bewirkt, dass, obwohl jeder seine eigenen Interessen verfolgt, jeder vom egoistischen Streben des anderen profitieren kann. Wir sind soziale Lebewesen, weil wir Gewinn aus unserem sozialen Leben ziehen. Diesen Mehrwert könnten wir als Einzelkämpfer nicht erringen.

Kooperation generiert im Sinne eines Positivsummenspiels einen Mehrwert. Der Volkswirtschaftler David Ricardo formulierte 1817 das Gesetz des „relativen Vorteils", auch das Gesetz des „komparativen Kostenvorteils" genannt: Wenn zwei Individuen sich hinsichtlich ihrer relativen Effizienz in der Güterproduktion unterscheiden, werden beide vom wechselseitigen Handel profitieren, selbst wenn der eine alles besser kann als der andere. Von Winston Churchill wird erzählt, dass er ein guter Maurer gewesen war. Trotzdem hat er sein Haus nicht selbst Stein auf Stein hochgemauert. Er nahm dafür lieber die Dienste einer Baufirma in Anspruch. Für ihn war es vorteilhafter, als Premierminister den britischen Staat zu lenken. Dies ist einer der Gründe, warum volkswirtschaftlich gesehen die Globalisierung ein Segen ist, auch wenn nicht jeder davon gleichermaßen profitiert: Deutschland liefert die Werkzeugmaschinen und kauft die damit gefertigten Produkte dann auf dem Weltmarkt, statt jede Socke selbst herzustellen und dafür dann aber keine Abnehmer für die Maschinen zu finden.

Der Schlüssel für den komparativen Kostenvorteil ist die Arbeitsteilung. Die erste effiziente Lastenteilung entwickelte sich zwischen Mann und Frau, vor allem deshalb, weil ein Menschenkind eine so lange Kindheit hat und der Aufwand für die Betreuung so hoch ist. In fast allen indigenen Stammeskulturen jagen i.d.R. die Männer und die Frauen sorgen für die pflanzliche Nahrung (Hrdy 2010, S. 28 f.). Das ist nicht gottgewollt und in unserer modernen Welt auch nicht unabänderlich. Aber die elterliche Arbeitsteilung war und ist bis zu einem gewissen Grad das Beste für den Nachwuchs und damit für unsere Gene. Eine gewisse Geschlechterdifferenzierung bezüglich der Nahrungsbeschaffung finden wir auch schon bei Schimpansen: Während Schimpansinnen häufiger und ausdauernder nach Ameisen und Termiten angeln, erbeuten Männchen öfter *Wirbeltiere wie Affen, Buschschweine, Buschböcke, Fledermäuse, Schlangen, Vögel und Eiern.* (Becker 2021, S. 121).

Echte Kooperation zwischen uns Menschen entwickelt sich Schritt für Schritt: Bringt in einer steinzeitlichen Kultur ein Jäger ein großes Stück Wildbret nach Hause, kann er Teile davon abgeben, denn allein kann er es eh nicht aufessen. Und in der Eiszeit ermöglicht überhaupt erst die gemeinschaftliche Jagd den Menschen, Mammuts zu erlegen – alle Jäger zusammen können sich so Ressourcen erschließen, die einzelnen Jägern nicht zugänglich sind. An Tagen ohne Jagdglück können Männer wie Frauen von der pflanzlichen Nahrung profitieren, die überwiegend die Frauen beisteuern. Insgesamt rechnet sich so ein Verhalten für alle Seiten. Denn wer miteinander teilt, minimiert das Risiko, an schlechten Tagen mit leerem Magen da zustehen. Aus dem Teilen der Nahrung wird ein universeller Wesenszug der menschlichen Kultur. Anthropologen haben herausgefunden, dass gemeinsames Essen einen in jeder menschlichen Gesellschaft existierenden Charakterzug darstellt. Hingegen verteidigen z.B. Katzen und Hunde ihren Futternapf eifersüchtig gegen potentielle Mitesser. Wichtig für das kooperative Verhalten ist: die Kosten müssen niedriger sein als der Gewinn, es muss ein Positivsummenspiel sein.

Der Vorteil komparativer Kosten führt zwangsläufig zur Entwicklung von Moral. Jeder wirtschaftlichen Transaktion liegt eine Form von Vertrauen zugrunde. *Die Tugendhaften sind nur tugendhaft, weil es sie befähigt, ihre Kräfte mit anderen Tugendhaften zum gegenseitigen Vorteil zu bündeln.* (Ridley 1997, S. 209). Auf lange Sicht ermöglichen erst Glaubwürdigkeit und Fairness, den Gewinn durch den komparativen Kostenvorteil zu erzielen. Die Fähigkeit zu moralischem Verhalten als Voraussetzung für kooperative Arbeitsteilung wird durch ihren Mehrwert, den sie generiert, so wertvoll, dass sie in uns genetisch angelegt wurde. Sie ist viel älter, als jede menschliche Zivilisation.

Es bräuchte allerdings keine Moral, wenn es keinen Betrug gäbe – der Egoismus des Einzelnen gefährdet auch heute noch den Zusammenhalt von Gemeinschaften. – Aus Sicht der Evolution keine Überraschung. Denn wie erwähnt rätseln die Biologen immer noch, wie sich altruistisches Verhalten als Basis der Kooperation überhaupt entwickeln konnte.

154

Sklavenhaltergesellschaften und soziale Schichtungen zeigen, dass Moral nicht der einzige Weg ist den komparativen Vorteil zu genießen – Sklaven und Unterschicht werden auch heute noch systematisch um einen Teil ihres Lohns gebracht, den ihr Beitrag zur Wertschöpfung generiert. Solche sozialen Gefüge werden nicht durch Moral, sondern durch Repressionen zusammengehalten.

In Demokratien gibt es Urkunden und Verträge, Kassenzettel, Quittungen, Fahrkarten, Stechuhren und das Bürgerliche Gesetzbuch als Hilfsmittel gegen betrügerisches Verhalten. Moralische Verhaltensweisen sind die Grundlage prosperierender Volkswirtschaften. Unternehmen verlieren sehr schnell ihre Kunden, wenn sie betrügen. In allen wohlhabenden Staaten mit Ausnahme der Erdölstaaten, deren Reichtum nicht auf eigenen Anstrengungen fußt, ist die Demokratie die Grundlage des Wohlstands, denn Demokratie ist die fairste Regierungsform, die wir kennen.

Der Wahrheit auf der Spur

Die Notwendigkeit, sich kooperativ zu verhalten, erzwingt die Entwicklung von Softgenen, die ein Zusammenleben von nicht verwandten Individuen ermöglichen. Die wichtigsten dieser Kulturgüter sind Moral und Gesetz und diese müssen durchgesetzt werden können. Auch für die Durchsetzung von solchen Regeln bedarf es kultureller Bausteine.

Was gut oder böse ist, Wahrheit oder Irrtum, wurde im europäischen Kulturraum über lange Zeit durch die Katholische Kirche festgelegt: *Diese heilige Mutter, die nie irrte und sich nie veränderte, war immer da, um ihre Kinder zu belehren und zu strafen.* (Godman 2001, S. 36). Diese Zeiten sind vorbei. Heute glauben wir nicht mehr an die Schöpfungsgeschichte als reales Ereignis und die Autorität der Katholischen Kirche ist vielfach geschwunden. Genau so, wie wir heute der von den Kosmologen entwickelten Theorie über den Urknall den Vorrang geben, genau so lassen sich heute für „Wahrheit und Irrtum", für „Gut und Böse", naturwissenschaftlich basierte Erklärungen finden.

Im Tierreich begünstigt die Selektion durch die Partnerwahl der Weibchen diejenigen Männchen, die eine zuverlässige Einschätzung erlauben. Der Federschwanz des Pfauenhahns signalisiert fälschungssicher durch Größe und Farbe die Qualität des Vogelmännchens. Nur die Hähne mit den größten und farbenprächtigsten Federschmuck werden von den Hennen erhört. Mit fälschungssicheren Merkmalen kommt Ehrlichkeit in die Natur, weil die Henne sich auf die Fälschungssicherheit der Qualität des männlichen Pfauenschwanzes verlassen kann. Ganz ähnliches gilt für die Menschheit: Wie wichtig Fälschungssicherheit und damit Aufrichtigkeit für uns Menschen ist, zeigt das Edelmetall Gold. Gold gilt als wertvoll, weil es selten und sehr schwer zu fälschen ist. Damit wird es, - wie der Pfauenschwanz für den Pfau - zu einem Signal für evolutionäre Fitness. Es signalisiert bis heute Reichtum und einen hohen Status und damit – weitgehend fälschungssicher – die Möglichkeit, gut für den Nachwuchs sorgen zu können. Heute haben Papiergeld und Scheckkarte das Gold weitgehend ersetzt. Seitdem werden, um Ehrlichkeit und Fälschungssicherheit zu garantieren, ganzen Industrien erschaffen, die Betrug verhindern sollen, bis hin zu den heutigen Kryptowährungen wie Bitcoin.

Ehrlichkeit bewährt sich im Sinne der Evolution: Es ist vorteilhaft, Ehrlichkeit zu vererben, genetisch und auch kulturell. Wolfgang Wickler erzählt die Geschichte von einer Füchsin, die mit einer Beute nach Hause kommt (Wickler 1971 S, 135 f.). Ein Jungtier springt sie an und bettelt um Futter. Die Beute fällt herunter und der Jungfuchs fängt sogleich an, die Beute zu vertilgen. Die Fähe geht ein paar Schritte umher und muss zusehen. Plötzlich hebt sie die Schnauze und stößt den hohen

Warnschrei aus, der normalerweise den Nachwuchs vor Gefahr warnt. Der Jungfuchs lässt sofort ab von der Beute und verschwindet eilig im Bau. Die Fähe frisst daraufhin ihre Beute, ohne noch weiter zu teilen, auf. Warum dieses Verhalten sich langfristig nicht etablieren kann, gibt der Nachspann der Geschichte preis. Denn wer einmal lügt, dem glaubt man nicht, auch wenn er jetzt die Wahrheit spricht. Nachdem die Fähe sich so einige Male einen Vorteil verschafft hat, lernt der Jungfuchs, die Täuschung zu durchschauen und reagiert nur noch sehr zögerlich auf den Warnruf. Wenn eine echte Gefahr droht, stellt das zögerliche Reagieren auf Signale, die eigentlich eine sofortige Flucht indizieren, ein deutlich erhöhtes Sterberisiko für den Nachwuchs dar. Der Fortpflanzungserfolg von Füchsen, die ein so „betrügerisches" Verhalten an den Tag legen, ist wahrscheinlich geringer als der der „ehrlichen" Füchse. So wird sich mit der Zeit die Linie der ehrlichen Füchse durchsetzen.

Für Männer ist es, aus der Sicht der Gene betrachtet, der GAU, in ein Kind zu investieren, dass nicht von ihm selbst gezeugt ist. Und so vermittelt die weibliche Liebe und Treue bei Menschen dem Mann die Gewissheit, *dass er der Zeuge der Kinder ist, was ihn veranlasst, in den Nachwuchs zu investieren.* (Christakis 2019, S. 187). Insgesamt gilt: Die Notwendigkeit, in einer gut funktionierenden Gesellschaft zu leben, erfordert die Evolution von Ehrlichkeit und letztlich die Entwicklung von Moral und Gewissen.

Altruismus

Für den Verhaltensforscher Frans de Waal fußt die Moral auf einem Gerechtigkeitsempfinden, dass sich aus dem Interesse heraus entwickelt, zu kooperieren – und sie ist damit nicht allein dem Menschen zu eigen (de Waal 2015 (2)). Für ihn ist *die mütterliche*

157

Fürsorge zumindest bei Säugetieren ein Prototyp von Altruismus, denn deren Brutpflege ist die *kostspieligste und längste Investition in ein anderes Wesen, die es in der Natur gibt.* (de Waal 2015 (1), S. 73 f.). Altruismus bedeutet das Gegenteil von Egoismus. Er drückt sich durch Selbstlosigkeit und Rücksichtnahme aus. Insbesondere gelten Handlungen als altruistisch, wenn ein Mensch einem anderen hilft, ohne dadurch direkt einen Vorteil zu erlangen.

Eine nicht so weit reichende Form des Altruismus ist seine wechselseitige (reziproke) Variante. Wir können uns den von Robert Trivers analysierten reziproken Altruismus als einen Akt des Helfens vorstellen, der uns kurzfristig teuer zu stehen kommt, sich aber auf längere Sicht für uns auszahlt. Ob Verwandtschaftsaltruismus und reziprokes altruistisches Verhalten im Tierreich überhaupt verbreitet sind, darüber streiten sich die Evolutionsbiologen nach wie vor (Fetchenhauer & Bierhoff 2004, S. 131).

Anfänge des reziproken Altruismus finden wir z.B. im Vogelformationsflug. Der Waldrapp (Geronticus eremita) ist ein etwa gänsegroßer Ibisvogel. Auf ihrem Weg in den Süden und zurück wechseln sich diese Tiere bei der energieaufwändigen Führungsarbeit im V-Formationsflug ständig an der Spitze ab. Die dahinter fliegenden Vögel profitieren vom Aufwind des Flügelschlages des vor ihnen fliegenden Vogels. *Der Flug in V-Formation ist nicht nur ein überzeugendes Beispiel für wechselseitigen Altruismus bei Tieren, sondern liefert auch Hinweise auf die Umstände, unter denen er sich evolutionär durchgesetzt haben könnte.* (Merlot 2015). Jedes einzelne Tier erzielt bei dieser Form der Kooperation einen Gewinn im Sinne eines Positivsummenspiels. Dieselbe Art Altruismus finden wir dann bei der Tour de France wieder, wenn sich die Mitglieder eines Rennstalls gegenseitig bei der

Führungsarbeit ablösen, während die anderen vom Windschatten des Voranfahrenden profitieren. Charakteristisch für höhere Formen des reziproken Altruismus ist, dass zwischen Geben und Nehmen ein größerer Zeitraum besteht. Zunächst profitiert nur der Begünstigte. Gleichwohl wird eine Einlösung der daraus entstandenen Verpflichtung erwartet. Dies setzt voraus, dass wir wissen, wem wir helfen und dass wir darauf vertrauen, in einem ähnlichen Fall unsererseits Unterstützung zu erhalten (Ridley 1997, S. 224 ff.). Dafür muss ein Individuum andere Mitglieder seiner Gemeinschaft unterscheiden und sich an deren Verhalten in Bezug auf die eigene Person erinnern können. Aus diesem Grund erfordert ein hoch entwickelter reziproker Altruismus ein hohes Maß an Intelligenz – wir können ihn im Tierreich erst ab einer gewissen Gehirnkapazität erwarten.

Ein modernes Beispiel für den reziproken Altruismus mag unser Geldkreislauf sein. Jemand tut einem anderen etwas Gutes, z.B. schneiet er jemandem die Haare. Dafür bekommt er ein von der Gemeinschaft verbrieftes festes Versprechen (ausgedrückt durch einen Geldbetrag), dass er ein Anrecht auf eine äquivalente Wohltat erworben hat. Geber und Nehmer sind dabei in einer wirtschaftlichen Gemeinschaft verbunden, in der letztlich eine (leider nicht immer faire) Form der Reziprozität gilt.

Das, was wir als „Prestige" kennen, ist eine andere Folge eines reziproken Altruismus: Neben den Menschen sind Krallenaffen (Cebidae) die einzigen Primaten, bei denen man eine Art Schenkbereitschaft beobachtet hat. Allerdings hängt diese vom „Ansehen" des Hordenmitglieds ab: Tamarine sind *großzügiger gegenüber ehemaligen Wohltätern und knauseriger gegenüber einstigen Geizhälsen.* (Hrdy 2010, S. 139). Das Prestige des Wohltäters zahlt sich also aus. Altruistisches Verhalten, oder umgangssprachlicher: „Kooperationsfähigkeit und Tugendhaftigkeit" sind in

159

der menschlichen Gesellschaft nicht aufgrund einer von einer Gottheit eingeforderten Moral entstanden, sondern die Moral resultiert aus der konsequenten Verfolgung individualistischer Ziele. Aber, wie wir noch sehen werden, sind Götter sehr hilfreich, um Moral durchzusetzen. Adam Smith erhebt in seinem 1776 erschienenen Buch „Wealth of Nations" den Egoismus des Einzelnen zum Leitprinzip der Gesellschaft. Aber gerade Egoisten müssen auf tugendhaftem Verhalten bestehen, weil sie sonst den Nutzen verlieren, der ihnen aus den Vorteil der komparativen Kosten entsteht. Letztlich muss sich die Kooperation für ein Individuum lohnen, sonst wären immer diejenigen im Vorteil, die sich unkooperativ verhalten.

Wir sehen hier deutlich den Konflikt von Individual- und Gruppenselektion durchscheinen. Weil der reziproke Altruismus beim Aufbau einer kooperativen Gemeinschaft eine bedeutende Rolle spielt, besteht gleichzeitig ein beträchtlicher Selektionsdruck dahingehend, Betrüger, die ihren Anteil an der wechselseitigen Hilfeleistung nicht erfüllen, zu entlarven und zu sanktionieren (Sapolski 2017, S. 419).

Moral und Urteil

Viele unserer moralischen Verhaltensweisen können wir rational nachvollziehen, weil die Evolution einer inhärenten Logik folgt. Überall dort, wo die Umweltbedingungen hart waren, wie z.B. in der Tundra der Eiszeiten, wo der Jagderfolg auf Mammuts nur in der Gruppe gelingen konnte, waren Menschen auf Verhaltensstrategien zur Festigung des Gruppengefüges angewiesen. Sie waren es ebenso dort, wo Landwirtschaft und Tierhaltung politische Strukturen erforderten, damit sich alle an die Regeln hielten. Kodiert wurden diese Regeln zur Festigung der Gemeinschaft zunächst als unser Gefühl für Moral.

Moral als Verhaltensoption ist uralt und schon in unseren Genen verankert. Moralische Urteile sind Bauchentscheidungen, erst im Nachhinein versuchen wir, diese Urteile rational zu begründen. Und so irrt Dawkins, als er meint, dass wir wenig Hilfe von unserer biologischen Natur erwarten könnten, wenn ein Einzelner wie er *eine Gesellschaft aufbauen möchte, in der die Einzelnen großzügig und selbstlos zugunsten eines gemeinsamen Wohlergehens zusammenarbeiten.* (Dawkins 2008, S. 121). Die Evolution gibt uns ein Gewissen mit, das uns Unlust fühlen lässt, wenn wir „unmoralisch" handeln. Moral und Tabus halten uns auf der emotionalen Ebene davon ab, Regeln zu brechen. Aufsetzend auf unserer Veranlagung etabliert sich ein moralischer Kompass, der die Kooperation befördert und dessen Richtweisungen konformistisch verankert ist. Unsere moralischen Empfindungen beziehen sich auf das Zusammenleben mit anderen, vor allem mit nichtverwandten Mitgliedern, allerdings nur bezogen auf die eigene Gemeinschaft.

Es gibt den verbreiteten Glauben, geteilt vor allem von Religionsgläubigen, dass Moral etwas von Gott Gestiftetes sei. Aber weder hätten Gemeinschaften der vorhistorischen Zeit ohne moralische Grundsätze überdauern können, noch kann man Menschen, die abseits der großen religiösen Systeme leben, moralisches Verhalten a priori absprechen. Frans de Waal formuliert es so: Ihm sind *Menschen suspekt, die nur durch ihr Glaubenssystem davon abgehalten werden, eine abscheuliche Tat zu begehen.* (de Waal 2015 (1), S. 11). Und leider ist es noch dramatischer: Menschen begehen abscheuliche Taten aus ihrer moralischen Überheblichkeit heraus, die sie aus ihrem Glauben schöpfen. Beispiele sind die Verbrennung von Ketzern, angestiftet durch die Katholische Kirche, oder die Selbstmordanschläge auf das World Trade Center / New York am 11. September 2001.

Ein Beispiel für Softgene: Religion

Götter spielten und spielen eine herausragende Rolle bei der Etablierung moralischer Gesetze. Bleiben wir daher einen Augenblick bei Religionen, denn sie sind ein schönes Beispiel dafür, wie komplexe Softgene entstehen können. Dawkins vermutete in Bezug auf sein Mem „Gottheit": *Wir wissen nicht, wie sie im Mempool entstanden ist. Wahrscheinlich wurde sie viele Male durch voneinander unabhängige „Mutationen" geboren.* (Dawkins 2001, S. 310). Machen wir uns also auf die Suche, welche Mutationen erforderlich gewesen sind, ein Softgen wie Thor oder Zeus hervorzubringen.

Wenn Softgene sich wie die Religionen evolutionär entwickelt haben, müssen wir nach ihrer Nützlichkeit (Fitnessrelevanz) Ausschau halten. Moral und Religionen scheinen irgendwie zusammen zu gehören. Eine gute Ausgangshypothese ist daher, nach einem Zusammenhang zwischen Moral und Göttern zu suchen. Aus *der Hirnforschung wissen wir inzwischen, dass Spiritualität – das Aufweichen der Ich-Umwelt-Abgrenzungen – genauso universell ist wie Religiosität, dem Glauben an überempirische Akteure, an übermenschliche Wesen. Diese beiden Erfahrungsdimensionen werden in ganz unterschiedlichen Gehirnregionen bearbeitet und können auch unabhängig voneinander auftreten.* (Blume 2020 (1)). Weil diese Softgene des Metaphysischen sich genetisch verankern konnten, begleiten sie die Menschheit offenbar schon lange. Unser Gehirn ist stets auf der Suche nach Ursachen. Und also vermuten wir, so wir keine andere Erklärung finden können, dass beängstigende Phänomene einen ebenso beängstigenden Verursacher haben müssen, der sich jeweils verantwortlich zeichnet. Damit ist die Idee von übernatürlichen Mächten naheliegend. Einmal erdacht, übernehmen wir Ängste vor übernatürlichen Wesen durch soziales Referenzieren: Fürchte dich vor Schlangen, wenn deine Artgenossen sich vor Schlangen fürchten, fürchte dich vor Dämonen und Wiedergängern, wenn deine Nachbarn das auch tut.

Die Notwendigkeit für diese Art der Spiritualität finden wir möglicher Weise im Revierverhalten. Der Mensch besitzt, wie seine äffischen Vettern, die Schimpansen, einen deutlichen Hang zur Territorialität. Das kann man leicht ausprobieren, indem man sich auf einen Platz setzt, den jemand kurz für einen Gang zur Toilette freigemacht hat. In der Regel gibt das Zoff, wenn der Erstbesitzer zurückkehrt. Auch Handtücher auf Strandliegen bebildert unseren Kampf um die guten Plätze.

Territorialität dient der Deckung elementarer Bedürfnisse einschließlich der der erfolgreichen Fortpflanzung. Wir finden dieses Verhalten im Tierreich weit verbreitet, wenn ein Vogel seinen Nistplatz verteidigt und der Tiger sein Revier. Sogar so simpel gestrickte Organismen wie die Gallenblattläuse kämpfen um ein Territorium, wenn es um den besten Platz für die Eiablage geht. Revierbesitz bei Löwen lässt sich ökologisch so begründen: Löwenrudel halten herum streifende Löwenmännchen von ihrem Revier fern und töten sie bisweilen sogar. Wenn eine Löwengruppe ein Gebiet bestimmter Größe für sich beansprucht, legt sie damit die Bevölkerungsdichte dieser Raubtiere fest. Denn die Anzahl der Löwen in einem bestimmten Gebiet ist dann weniger abhängig vom Nahrungsangebot, und mehr von der Anzahl der Reviere, die verfügbar sind. Das verhindert eine Übernutzung der Nahrungsangebote. Gäbe es keine Reviere, würden sich die Löwen in beutereichen Zeiten hemmungslos vermehren. Das würde die Beutetiere schließlich stark dezimieren. Als Folge würden sich für die Löwen Hungerjahre anschließen. Sind die meisten Löwen dann verhungert, könnten sich die Beutetiere wieder stark vermehren. *Das Revierverhalten wirkt jedoch der Überbevölkerung* der Löwen *gleichsam durch ein Opfer an Fortpflanzungspotential entgegen und verhindert dadurch instabile Schwankungen der Bevölkerungsdichte.* (Hassenstein 2001, S. 293). Der Besitz eines Reviers stellt sich also als sowohl ökonomisch wie auch ökologisch sinnvoll heraus. Wir können vermuten, dass bereits Jäger- und Sammlergruppen über ein von ihnen beanspruchtes Revier verfügen, dessen Grenzen gegen Eindringlinge gesichert und gelegentlich auch nach außen verschoben werden.

Das Auftauchen der Götter

Aber wie kann man sein Territorium kennzeichnen und die Legitimität seiner Ansprüche belegen, wenn es noch kein Grundbuchamt gibt? Wenn schon nicht der Himmel helfen kann, dann doch wenigstens die Ahnen. Man verweist auf *ein legitimes Erbe und zwar durch einen Hinweis auf die Vorfahren, die das Land bereits vor Generationen in Besitz genommen hatten.* (Wunn et al. 2015, S. 56). An dieser Stelle sehen wir nebenbei bemerkt, wie sich kulturelle Güter, wie der Besitz eines Territoriums, ähnlich vererbt, wie Gene! Neandertaler (letzter Nachweis vermutlich ca. 40.000 v.H.) wie auch der H. sapiens haben zur selben frühen Zeit ihre Toten bestattet und dies an Orten, die sie auch immer wieder als Wohnplatz genutzt haben. Die Bewohner der ersten festen Siedlungen (z.B. in Ain Ghazal und Tell es-Sultan ca. 11.000 v.H.) bestatten ihre Toten sogar unter dem Fußboden ihrer Wohnhäuser (Wunn et al. 2015, S. 104 ff.). Dabei kommt es gelegentlich zu einem seltsamen Brauch: Man trennt den Schädel des Verstorbenen ab und deponiert ihn an einem sichtbaren Platz. Anthropologen vermuten, dass die Bewohner damit ihren Anspruch auf das Territorium unterstreichen wollen. Der Anthropologe Roy Rapperport zeigt für die Epo und Tzembaga Neuguineas, dass diese ihre Territorien noch in der Neuzeit durch Schädeldeponierungen markieren (Wunn et al. 2015, S. 59). Damit einher gehen erste vage Vorstellungen vom Weiterleben nach dem Tod und von einer jenseitigen Welt, in der die Ahnen leben und von wo aus sie in die reale Welt hineinwirken können.

Die Ahnen bieten nun Schutz im Austausch von Trank- und Weiheopfern. Wer einmal in Mexiko den Día de los Muertos erlebt, wird erstaunt zur Kenntnis nehmen, wie lebendig ein solcher Kult noch heute und in einer (zwangs-)christianisierten modernen Welt fortexistiert. Mexikaner ziehen an diesem Tag auf den Friedhof und feiern mit ihren Toten, wobei die Toten mit ihren Lieblingsspeisen und -getränken bewirtet werden. Auch die Heiligenverehrung im Christentum ist eine Art Ahnenkult, deren Reliquien, also die Überreste der verstorbenen Heiliggesprochenen, bis heute in Kirchen verehrt werden und um deren Schutz gefleht wird.

Erweiterte Arbeitsplatzbeschreibung

Mit der Zeit ergänzen oder ersetzen künstlerische Portraits der Schädel mit leeren Augenhöhlen und aufgerissenen Mäuler die Totenschädel. Anthropologisch gedeutet werden die leeren Augenhöhlen als Drohstarren und die aufgerissenen Mäuler als drohendes Zähneblecken, beides, um Eindringlinge abzuschrecken. In diesen bildlichen Darstellungen werden die Persönlichkeiten und die Wirkkräfte der Verstorbenen als vergegenwärtigt gedacht. Neben dem Anspruch auf das Territorium, dass die Ahnen durch ihre Präsenz untermauern und neben ihrer abschreckenden Wirkung auf Konkurrenten, bietet der Ahnenkult nun auch Hilfe bei der Bewältigung der Trauer über den erfahrenen Verlust und eine Abschwächung der Angst vor dem eigenen Tod. *Über einen längeren Zeitraum hinweg entwickelt sich also aus der Praxis der Schädeldeponierung ein Geschehen mit festgelegtem und erweitertem Bedeutungsinhalt.* (Wunn et al. 2015, S. 104).

Territoriale Ansprüche erlangen eine weitaus größere Bedeutung, wenn Menschen von der aneignenden Jäger- und Sammlerkultur zur produzierenden Wirtschaftsweise der Landwirtschaft und der Viehzucht übergehen. Territorialität wird spätestens mit dem Beginn der Landwirtschaft und der Viehzucht essenziell für diejenigen, die sie betreiben. Gleichzeitig kommt es zu einer Anhäufung von Besitztümern bei den Bauern und diese können gewaltsam geraubt werden – Ernteerträge, Vieh, Kleidung, Schmuck, Kultgegenstände, Waffen. Das führt vermutlich zu einer Zunahme von Gewalttätigkeiten und kriegerischen Auseinandersetzungen. Die frühen bäuerlichen Gemeinschaften reagieren auf diese Auseinandersetzungen mit der Heroisierung von aggressiven männlichen Gestalten. Der kriegerische Mann ist spätestens dann als Held gefragt, als sich Stadtstaaten mit Königen an der Spitze bekriegen und um die Vorherrschaft kämpfen. So können aus dem Ahnenkult allmählich hausbeschützende Geister und schließlich im Spiegel der diesseitigen Elite eine jenseitige Elite – Götter – hervorgehen. Beides vermischt sich: Nicht selten werden die frühen Helden von den Göttern gezeugt und nach genügend vielen Heldentaten in den Himmel erhoben, worauf selbst die Bibel verweist: *D*a sahen die Gottessöhne, wie schön die Töchter der Menschen waren, und nahmen sich zu Frauen, welche sie wollten. [...] Denn als die Gottessöhne zu den Töchtern der Menschen eingingen und sie ihnen Kinder gebaren, wurden daraus die Riesen. Das sind die Helden der Vorzeit, die*

hochberühmten. (1.Mose6.2-4, Lutherbibel 2017).
Herkules, der wohl bekannteste Held des Altertums, ist
der Sohn des Zeus, seine Mutter die schöne Alkmene.
Nach reichlich heroisch bestandenen Abenteuern wird
er in den Himmel versetzt und erstrahlt fortan als
Sternenbild.

Als dann die ersten Herrscher von Großreichen für sich
beanspruchen, Garanten für den Schutz der Bauern und
ihrer Ernteerträge zu sein und damit den Platz der
Ahnen einnehmen, beanspruchen sie für sich
gleichzeitig die den Ahnen zuerkannten Eigenschaften
und Fähigkeiten, oder treten gleich als Götter auf. Qin
Shihuangdi (259–210 v. Chr.), Gründer des
chinesischen Kaiserreichs, Arahitogami, wie die
japanischen Kaiser genannt werden, die Sapa Inka, die
Herrscher der Inkas und auch die ägyptischen
Pharaonen, alle lassen sich als Gottkönige verehrten
(anthrowiki.at). Ihre Macht gründet damit auch auf dem
göttlichen Prestige, also auf der Bereitschaft der
Menschen, Ahnen zu verehren und Götter anzubeten.
Der japanische Kaiser oder besser: „Tennō" erklärt erst
mit der japanischen Kapitulation zum Ende des 2.
Weltkrieges am 1. Januar 1946, auf Druck der
Amerikaner, über das Radio seinem Volk, dass er
keineswegs göttlich sei.

Das alles scheint noch nicht viel mit Moral zu tun zu
haben. Aber sehen wir weiter!

Der Beginn des Monotheismus

Der spätere Gott der Christenheit startet als Hausgott
eines nomadischen Patriarchen. Jakob, Sohn des Isaaks
und Enkel Abrahams stellt seine Bedingungen, ehe er
diesen Gott als den seinen annehmen würde. Dabei
rechnet er Schutz gegen Opfergaben auf: „*Wenn Gott
mit mir ist und mich behütet auf diesem Wege, den ich
gehe, und mir Brot zu essen gibt und Kleider
anzuziehen, und ich in Frieden zurückkehre zum Hause*

meines Vaters, so soll Jehova mein Gott sein. Und dieser Stein, den ich als Denkmal aufgestellt habe, soll ein Haus Gottes sein; und von allem, was du mir geben wirst, werde ich dir gewisslich den Zehnten geben." (1.Mose28.20-22, Elberfelder Bibel 1905). Und es ist durchaus nicht so, dass nicht auch andere Götter im Angebot waren, denen die Israeliten auch immer wieder opferten: *„Und die Kinder Israel taten, was böse war in den Augen Jehovas und vergaßen Jehovas, ihres Gottes, und sie dienten den Baalim und den Ascheroth."* (z.B. Richter2.7, Elberfelder Bibel 1905). Hier geht es also schon darum, dass Konformität eingefordert und Abweichungen vom rechten Glauben als böse eingestuft wird.

Es ist sowieso erstaunlich, wie offensichtlich die Bibel in ihren Anfängen sowohl die Evolution wie auch die Lebensweise der nomadischen Viehzüchter reflektiert. Gott gibt Adam und Eva schon im Paradies das Gebot: *„Seid fruchtbar und mehret euch und füllet die Erde und machet sie euch untertan."* Später verspricht er Abraham, seinen Kindern und Kindeskindern große Fruchtbarkeit (1.Mose1.28 bzw. 17.6, Lutherbibel 2017). Die alttestamentarischen ersten Erzählungen der Bibel sind *so sehr mit Fortpflanzung und dem, was Fortpflanzung bedroht, beschäftigt, dass sie fast alles andere in menschlicher Erfahrung ausschließt.* (Miles 1998, S. 113). Zumindest bis zur Josephsgeschichte ist die Genesis eine Erzählung, die fast ausschließlich von Unfruchtbarkeit, Schwangerschaft, Geburt, Masturbation, Verführung, Vergewaltigung, Gattinnenmord, Brudermord, Kindesmord handelt. Die christliche Lehre spricht häufig von der Liebe Gottes und seiner moralischen Unfehlbarkeit, aber *seltsamer Weise ist Gott kein Heiliger.* (Miles 1998, S. 17). Die weiteren Segnungen, die dieser Gott des Alten Testaments in Aussicht stellt, sind geprägt von dem, was eine Pastoralkultur ausmacht. Pastoralismus leitet sich vom lateinischen „pastor" für „Hirte" ab und meint

168

eine Form der Landnutzung mit extensiver Weidewirtschaft auf natürlich gewachsenem Busch- und Grasland, dessen anderweitige Nutzung wegen der klimatischen Bedingungen, seiner kargen Vegetation oder seiner Abgelegenheit nicht attraktiv oder nicht sinnvoll ist. (dewiki.de). Der Schwachpunkt des Pastoralismus ist, dass es *eine Welt voller Viehdiebe und Plünderer* ist (Sapolsky 2017, S 369).

Gott verspricht seinem Volk, so man ihn exklusiv anbete, Beutegut. Er verheißt ihnen die Früchte der Arbeit von Menschen, die von ihrem Land vertrieben, versklavt oder gar umgebracht werden: „*Wenn der HERR, dein Gott, dich in das Land bringt, das er deinen Vätern, Abraham, Isaak und Jakob, geschworen hat, dir zu geben: große und gute Städte, die du nicht gebaut hast, und Häuser voll von allem Guten, die du nicht gefüllt hast, und ausgehauene Zisternen, die du nicht ausgehauen hast, Weinberge und Olivenbäume, die du nicht gepflanzt hast, und wenn du dann essen und satt werden wirst, so hüte dich, dass du den HERRN ja nicht vergisst, der dich herausgeführt hat aus dem Land Ägypten, aus dem Sklavenhaus.*" (5Mose6.10-12, Elberfelder Bibel 1905). Soweit zur evolutionären Entwicklung dieses Softgen-Komplexes. Aber nun zu einem der wichtigsten Aspekte seiner Nützlichkeit.

Ein weiteres göttliches Arbeitsfeld

Tatsächlich spielen Kulte in der Konkurrenz zwischen Gruppen (Gruppenselektion) eine herausragende Rolle: Sie stärken den Zusammenhalt nach innen und fördern die Kampfkraft gegenüber Rivalen. Es ist daher nicht verwunderlich, dass Spiritualität und Religiosität die Menschheit über einen langen Zeitraum hinweg begleitet haben.

In übersichtlichen Stammesgesellschaften, wo jeder mehr oder weniger jeden kennt, überwachen sich die

Stammesangehörigen bezüglich der Einhaltung ihrer moralischen Gesetze gegenseitig: *Beobachtete Leute sind nette Leute.* (Weber 2019). Klatsch und Tratsch tut ein Übriges. In komplexen sozialen Strukturen funktioniert die gegenseitige Kontrolle nicht mehr ganz so gut und es bedarf nun einer zusätzlichen Macht, um die Einhaltung von Regeln zu garantieren. In einfachen Stammesgesellschaften gibt es eher Geister und Dämonen, die für unerklärliche Naturphänomene verantwortlich zeichnen und Ahnen, die das Territorium bewachen und beschützen. In großen unübersichtlichen Gesellschaften mutieren diese nun zu allwissenden und strafenden Göttern, *die selbst die Gedanken der Menschen erkunden können und Fehlverhalten sogar noch nach dem Tode bestrafen. Das leisten nicht nur die Götter der Christen und Muslime, sondern funktioniert auch über das Karma-Prinzip der Buddhisten: Wer ein böses Leben führt, hat die Folgen im nächsten Leben zu tragen.* (Weber 2019). Ara Norenzayan von der University of British Columbia spricht von der „Übernatürlichen Überwachungshypothese." Denn wer Strafe im Jenseits fürchtet, verhält sich zu Lebzeiten eher anständig. – Damit werden Religionen endgültig dafür zuständig, einen moralischen Standard zu festigen und gleichzeitig zu einer der wichtigsten Stützen der Konformität. Glaubensvorstellungen gelten als unantastbar und als jenseits des normalen weltlichen Verstandes angesiedelt. Einher damit geht die Unverrückbarkeit moralischer Normen, auf deren Einhaltung die Gottheit pocht.

Der Übergang von einer diesseitigen Stammesgewalt zu einem im Jenseits strafenden Gott und anders herum verläuft fast stufenlos: Götter greifen direkt in die Geschicke der Menschen ein, wie uns z.B. die Epen des Homer erzählen. Und auch das Alte Testament spricht über das direkte Eingreifen des Herrn. Z.B. sendet Gott zehn Plagen, um den Pharao dazu zu bringen, das Volk

Israel ziehen zu lassen (2Mose7). Anders herum reklamieren Herrscher für sich göttliche Kräfte und fälschen gewissermaßen die Unterschrift ihrer Götter: Im Codex Hammurabi, der vielleicht ersten niedergeschriebenen Gesetzessammlung der Welt, behauptet der babylonische Herrscher, die Gesetze seien ihm vom Gott Marduk übergeben worden. Auch Moses bekommt die Gesetzestafeln mit den 10 Geboten von seinem Gott auf der wolkenverhangenen Bergspitze des Berges Sinai übergeben. Priester etablieren sich als Mittler zu den Göttern. In römischen Zeiten, so schreibt Edward Gibbon, haben sich Priester der Germanen *in weltlichen Angelegenheiten eine Gerichtsbarkeit angemaßt, welche die eigentliche Obrigkeit nicht auszuüben wagte.* (Gibbon 2006, S. 12). Selbst noch im Mittelalter wurde das Heilige Römische Reich Deutscher Nation als heiliges Reich Gottes aufgefasst, *das die Sittlichkeit des Menschen zu verwalten, zu fördern und zu perfektionieren hatte* (Sauer 2023, S. 208).

Um einen übernatürlichen Überwachungsstaat zu etablieren und über Generationen beizubehalten, waren starke konformistische Kräfte notwendig. Als ein Beispiel für konformistischen Druck sei noch einmal die Inquisition der katholischen Kirche genannt, die die vom rechten Glauben Abgefallenen als Ketzer ausmerzt.

Wie George Orwells 1948 in seinem Roman „1984" eindrücklich darstellte, ist es für jede Diktatur essenziell, das „Volk" bestmöglich zu überwachen. In der ehemaligen DDR, wo Gott per Dekret mehr oder weniger abgeschafft ist, tritt an dessen Stelle die Stasi, die für das Gefühl der permanenten Beobachtung sorgt, in der ehemaligen UdSSR ist es der KGB. Im heutigen China etabliert sich gerade ein Überwachungsstaat, der auf KI beruht und sich ebenso unentrinnbar gebärdet, wie einst die Gottheiten.

Gott und Gruppenselektion

Der übernatürliche Überwachungsstaat dient dem inneren Zusammenhalt einer Gruppe und stärkt so ihre evolutionäre „Fitness". Leider gelten die dabei durchgesetzten moralischen Gesetzte, wie z.B.: „du sollst nicht töten" nur innerhalb der eigenen Gruppe. Gegenüber fremden Gruppen wird rivalisiert, da sind moralische Empfindungen eher hinderlich.

Religionen (und Ideologien) vermögen, wie kaum etwas anderes, Menschen über ein gemeinsam geteiltes Weltbild für ein gemeinsames Ziel zu begeistern. Wer das Buch „Der Jüdische Krieg" von Jusefus gelesen hat, begreift, welches machtvolle Instrument der Kriegsführung ein Softgen wie der Monotheismus darstellt. Als das auserwählte Volk ihres Gottes kämpfen die Juden buchstäblich bis zur fast völligen Vernichtung gegen die römischen Legionen. Und so ist es das, was Religion wohl am stärksten mit der Evolution verbindet: die schrankenlose Kampfmoral, die in den Gläubigen heranreift, wenn sie sich einerseits vor der ewigen Verdammnis fürchten und andererseits den Tod nicht scheuen, weil sie hoffen, in ein Himmelreich zu gelangen.

Religiösen Konformismus finden wir auch heute in fast jeder Kriegszone: Im Nahen Osten verläuft die Kampflinie entlang des Judentums auf der einen, des Islams auf der anderen Seite, innerislamische Konflikte entzünden sich u.a. zwischen Sunniten und Schiiten. Im Himalaja stehen sich das muslimische Pakistan und das hinduistische Indien in einem ungelösten Grenzkonflikt gegenüber; in Myanmar werden die muslimischen Rohingya von der buddhistischen Volksmehrheit vertrieben; in China wird die ebenfalls überwiegend muslimischen Uiguren in Lagern umerzogen. Und nicht zuletzt ist der Konflikt zwischen den Katholiken der irländischen Republik und den protestantischen Einwohnern Nordirlands ein Problem, dass in den

Brexit-Verhandlungen kaum zu lösen ist. Wie erschreckend gut religiöser Fanatismus auch heute noch wirkt, demonstrieren Terroristengruppen wie Al Kaida oder der IS mit ihren Selbstmordattentätern. In Afghanistan scheitern zunächst die Sowjetunion und dann die Amerikaner, denn auch dort, zumindest bei den Taliban, ist Gott *der unübertroffene Kraftverstärker.* (Joffe 2020).

Da diese Konflikte überall auftauchen, sind sie nicht an bestimmte Religionen gebunden, sondern an ein dahinterliegendes Prinzip und dasselbe Muster taucht auch in den Konflikten zwischen dem Kommunismus und dem Kapitalismus oder innerhalb kommunistischer Gruppierungen auf. Letztlich geht es um die Konkurrenz zwischen Gruppen und ihren Softgenen, in denen sie sich unterscheiden, die aber ähnliche Aufgaben erfüllen. Auf der Ebene der Gene konkurrieren Allele um den Platz im Genom. Auf der Ebene der Softgene konkurrieren dann wohl vor allem Soft-Allele, die denselben Platz bzw. dieselbe Aufgabe im Gehirn ausfüllen: Es darf keinen Gott neben meinem geben.

Softgene und die Wahrheit

Die hier vorgestellte Softgen-Theorie bietet einige Ansätze zur Lösung wichtiger philosophischer Fragen. Die Frage nach den Kategorien „Gut" und „Böse" können wir bereits als Bewertungen moralischer Standards identifizieren. Es geht dabei um Verhaltensweisen, die notwendige Voraussetzungen für ein gedeihliches Zusammenleben innerhalb einer Gemeinschaft ermöglichen. Dabei sind diese Kategorien schon in unserem Gefühlshaushalt angelegt, also entwicklungsgeschichtlich sehr alt. Allerdings sind sie kontextabhängig, was ihre konkrete Ausformung als moralische Standards angeht. Insbesondere gilt: Moralische Regeln brechen an den Außenrändern der eigenen Gruppe zusammen – Moral gilt immer nur innerhalb der eigenen Gruppe. Das gilt unabhängig davon, wie einerseits Moral und andererseits die Gruppenidentität definiert sind.

„Fitness" ist letztlich die Vorhersage, welche Lösungen vorteilhaft für das Überleben und die Reproduktion sind. Aber Überleben ist nie sicher vorhersehbar. Leben müssen wir das Leben vorwärts, ob wir richtige oder falsche Entscheidungen getroffen haben, wissen wir aber erst – wenn überhaupt – im Nachhinein. Die Evolution bietet uns keine abstrakten Wahrheiten, sondern fordert nur Lösungen nach Notwendigkeit oder Nützlichkeit. Eine absolute Wahrheit stellt uns das Universum leider nicht zur Verfügung. Handeln nach Vernunft, beziehungsweise Rationalität, und wie wir diese von der Unvernunft, beziehungsweise Irrationalität, abgrenzen können, fußt nur auf der Grundlage einer angenommenen „Wahrhei"t. Immerhin befähigen uns die aus der Evolution extrahierten „Erkenntnisse", uns in der Welt zurechtzufinden. Diese angenommenen „Gewissheiten" müssen dem Praxistest des „survival of the fittest" bestehen. Die so gewonnenen „Wahrheiten" sind immer situativ, so wie die Anpassung an die Umwelt immer nur situativ sein kann. Die Unsicherheiten bezüglich von „wahr" und „richtig" können darauf beruhen, dass die Ausgangssituation zu komplex ist, dass sie künftige Ereignisse betreffen, die wir gar nicht vorhersagen können oder auch nur, dass wir selber nicht genau wissen, was wir genau meinen, wenn wir von etwas reden.

Wahr und richtig unterliegen meist einer Art Fuzzylogik – einer wenig fassbaren Eindeutigkeit: In der evolutionär basierten Logik gilt nur: „wahrscheinlich wahr" oder „wahrscheinlich falsch" mit einem immer wieder neu zu justierenden Wert für die Wahrscheinlichkeit des Überlebens der Gene und der Softgene.

Ärgerlicher noch: Die Evolution ist kein Ingenieur mit Rechenschieber und Zollstock, der auf einem weißen Blatt Papier Geniales entwirft, *Vielmehr seien wir die Produkte eines Bastlers, der verschiedenste Ersatzteile in seinem Schuppen zusammenbastelt.* (Röcker 2021). Wir tragen ein genetisches Erbe in uns, das auf die Geschichte unserer Vorfahren zurückgeht, aber beileiben nicht in allen Aspekten optimal ist: Wirbelsäule und Kniegelenke sind verschleißanfällig – ein Tribut an den aufrechten Gang. Da unsere Luftröhre von der Speiseröhre abzweigt, besteht die Gefahr, dass Essen in die Luftröhre gelangt und wir ersticken. Ähnliche „mangelhafte" Lösungen müssen wir auch für die Softgene annehmen.

Wahrheit und Weltbild

Die Frage nach der Wahrheit beschäftigt die Menschen und damit insbesondere auch die Philosophen schon sehr lange, schon die klassischen Philosophen wie Platon oder Aristoteles haben sich damit auseinandergesetzt. Das Offensichtliche, das dem

Augenschein nach unbezweifelbar Erkennbare, mag einen Aspekt des Wahrheitsbegriffes sein. Wahrheit im Falle der Evidenz ist unmittelbar aus sich heraus zu erkennen und bedarf keiner weiteren Beweisführung. Allerdings widerspricht das Konzept der Quantenmechanik diesem Wahrheitsbegriff.

Einen vielleicht ganz ähnlichen Ansatz verfolgt die „Korrespondenztheorie der Wahrheit". Nach dieser Theorie wird etwas als wahr angenommen, wenn es mit den Tatsachen in der objektiven Welt übereinstimmt. Auch hier müssen wir uns fragen, was für einen Wert die „Objektivität" hat, wen wir auf der Basis der Quantenmechanik nur von Wahrscheinlichkeiten reden können.

In einer weiteren Theorie, der „Kohärenztheorie der Wahrheit" wird etwas als wahr angenommen, wenn es zu dem bereits vorhandenen System an angenommenen Wahrheiten passt, die sich gegenseitig stützen. Dieser Wahrheitsbegriff passt gut zur Mathematik oder der Physik, die streng aufeinander aufbauen und damit zu der hier vorgestellten Softgen-Theorie passt. Kann nun die Theorie der Softgene zum Wahrheitsbegriff beitragen?

Der Trieb, zu erkunden, neugierig zu sein, zu explorieren, findet sich bei allen höheren Lebewesen. Wir Menschen werden mit dem inneren Drang geboren, herauszufinden, wie alles funktioniert, unser Gehirn sucht stetig nach Erklärungen. Dabei erweitern wir unser Wissen und unsere Fähigkeiten kontinuierlich, ganz nebenbei und selbstverständlich. Durch das stete Hinzulernen entwickelt und verfestigt sich unser inneres Weltbild, das als weitgehend widerspruchsfrei empfunden wird. Neue Erkenntnisse werden in dieses Weltbild übernommen und erweitern dieses ständig. Unsere Anschauung über die Welt muss weder rational sein noch zwingend die Wirklichkeit abbilden. Wir können unsere Weltbilder als eine gehirnbasierte Software-Umgebung betrachten, in die stetig neue

176

Informationen und Applikationen (Apps) eingepflegt werden. Apps sind in diesem Zusammenhang Fertigkeiten, die wir erwerben, wie das Laufen lernen, Klavier spielen, oder sozial erwünschte Verhaltensweisen. Dabei gilt: Neues muss in diese Software-Umgebung mehr oder weniger konfliktfrei hineinpassen. Eine Analogie dazu finden wir in der Welt der Informatik unter dem Begriff Kompatibilität. In einer Windows-Betriebssystemumgebung laufen keine Programme, die für einen Apple-Computer geschrieben wurden, Dokumente lassen sich nicht ohne Weiteres aus der Softwareumgebung eines Windows-Rechners in die Softwareumgebung eines Apple-Computers übertragen.

Auch unserem Gehirn akzeptiert nur Applikationen, die irgendwie in unser Betriebssystem passen, sie müssen kompatibel zu unserem Weltbild sein. Diese Kompatibilität hängt nicht an einem abstrakten Wahrheitsbegriff stellt sich als der Prüfstein dar für das, was wir als „wahr" akzeptieren.

Wahrheit und Glaube

Es gibt keine Institution wie z.B. eine Religion oder eine Ideologie, die uns die ultimative Wahrheit verkünden könnte. Vor allem die im Jenseitigen angesiedelten Wahrheitskonstrukte verzichten in aller Regel ganz auf erfahrbare Wirklichkeiten und lassen gleichzeitig Wahrheiten außerhalb der eigenen transzendenten Glaubensinhalten nicht gelten, auch wenn es der größte Hokuspokus ist, den sie vertreten. Religionen und Ideologien stehen im Dienste der Gruppenselektion und sind häufig sakrosankt, sie werden durch Konformismus erzwungen. Im Sinne dieser Gruppenselektion hat die Wahrheit eine praktische Bedeutung: Wahrheit wird zum Marker der eigenen Gemeinschaft – wir glauben in einer Gemeinschaft alle dasselbe. Die wahrhaftige, aber im

Grunde vor allem konformistische Wahrheit steht im Gegensatz zur Lüge und „fake news", die die Anderen glauben und verbreiten. Leider sind oft sogar eindeutig als „fake" zu entlarvende „Gewissheiten" die Grundlage unseres Weltbildes, siehe Religionen. Unser Weltbild ist unser individuelles Softgenom, das wir erben, durch eigene Erfahrungen erweitern und aus unserem sozialen Umfeld übernehmen. Dabei gilt: Wahrheit ist, was mit meinem Weltbild übereinstimmt und wir teilen sie mit unserer sozialen Umwelt – die Trennung zwischen Fakten und Meinungen ist dabei häufig nur eine Illusion. Das „soziale Referenzieren" hatten wir schon bei den Küken kennengelernt. Bei uns Menschen geht das soziale Referenzieren noch viel tiefer. Unsere Ansichten über die Welt, unser gesamtes Weltbild basiert letztlich darauf, dass wir den Erzählungen unserer Eltern, Lehrer und unseres sozialen Umfelds Glauben schenken – und nicht zuletzt denen unserer Eliten und religiöser Autoritäten. Für unsere wichtigsten Überzeugungen *haben wir keinerlei Belege, außer dass Menschen, die wir mögen und denen wir vertrauen, diese Überzeugungen teilen.* (Kahneman 2011, S.259). Weil wir „Fakten" vor allem von glaubwürdigen Mitmenschen übernehmen und sie „glauben", ist „Glaubwürdigkeit" ein zentrales Thema für unser Leben.

Es sollte uns daher nicht überraschen, dass wir auch jede Form von „fake news" übernehmen, solange sie in unser Weltsicht passen und aus für uns glaubwürdigen Quellen stammen. „Fakten" sind weit weniger absolut wahr, als wir glauben möchten: Sogar solche naturwissenschaftlichen „Gewissheiten", wie dass das Universum vor ungefähr 13,8 Mrd. Jahren entstanden ist, dass sich die Erde um die Sonne bewegt und nicht die Sonne um die Erde, dass wir eine Vireninfektion haben, wenn uns die Nase läuft und wir Fieber haben und dass kein Zeus die Blitze wirft, sondern dass elektrische Entladungen in Regenwolken stattfinden,

178

können wir nicht selbst überprüfen, wir müssen es einfach glauben.

Für die menschliche Moral gilt – sie ist nicht absolut gesetzt, sondern stets kontextabhängig. Wir verurteilen nicht Gewalt, sondern wir verurteilen Gewalt im falschen Kontext. Normen, die in der eigenen Gemeinschaft unbedingt einzuhalten sind und die als wahr und richtig gelten, wie „Du sollst nicht töten!", sind bis zu einem gewisse Gerade genetisch angelegt. Leider aber werden Mord, Totschlag, Raub und Vergewaltigung dort wahrscheinlicher, wo die eigene Gemeinschaft endet. Im Alten Testament wurden Mord und Vergewaltigung sogar göttliches Gebot: „*So bringt nun alles Männliche unter den Kindern um, und bringt alle Frauen um, die einen Mann im Beischlaf erkannt haben! Aber alle Kinder, alle Mädchen, die den Beischlaf eines Mannes nicht gekannt haben, lasst für euch am Leben!*" (4.Mose31.17f., Elberfelder Bibel 1905). Selbst der Abwurf der Atombombe über Hiroshima und Nagasaki gilt nicht als schändlicher Massenmord an Zivilisten auf Befehl eines amerikanischen Präsidenten, sondern weithin als notwendige patriotische Tat. Dieses Bonmot soll auf den Biologen Jean Rostand zurückgehen: *Töte einen Menschen, und du bist ein Mörder. Töte Millionen Menschen, und du bist ein Eroberer. Töte* fast *alle, und du bist ein Gott.* (Pinker, 2014, S. 215).

Die Weltbilder in einer Gemeinschaft sind eher einheitlich – z. B. in Bezug auf die Religion – und sie gehören zum Kitt, der die Gemeinschaft zusammenhält. *Wahrheit war und ist für menschliche Gehirne viel weniger relevant als Zugehörigkeit und Geborgenheit.* (Blume 2020 (2), S. 23). Die Kehrseite dieser geglaubten Wahrheitsfindung ist: Fakten, die von Fremden und Feinden stammen, lehnen wir eher ab, insbesondere, wenn sie im Konflikt zu unseren eigenen Überzeugungen stehen.

Besondere Softgene

Softgene sind also keiner wie immer gearteten „Wahrheit" verpflichtet, sie müssen vielmehr ihren evolutionären Zweck erfüllen. Das führt nicht zwangsläufig zu optimalen oder gar „wahren" Lösungen. Und so, wie unser Körper nicht immer optimal konstruiert ist, ist auch unser Weltbild in erster Linie Flickwerk. Dazu kommt, dass ein Grundprinzip der Evolution die Variation ist: Es existieren oft eine Reihe von verschiedenen Vorschlägen zur Lösung desselben Problems, wobei nie sicher ist, welche Variation sich durchsetzen wird. Ein aktuelles Beispiel dafür ist die Entwicklung von Autos: Ist es sinnvoller, batteriebetriebene Fahrzeuge zu bauen oder welche, die mit Wasserstoff angetrieben werden? Niemand kennt darauf die Antwort, ungeachtet dessen, dass sich wohl die Elektromobilität durchsetzen wird.

Unser Denken dient dazu, verschiedene Optionen zu bewerten. Für die Handlungsplanung müssen wir verschiedene Szenarien gegeneinander abwägen und die erfolgversprechendste auswählen können. Die Bewertung der verschiedenen Optionen erfolgt in der Regel in unserem Unterbewusstsein über Gefühle. Aber dort, wo wir Gesetzmäßigkeiten aufgrund von Kausalitäten finden können, ist die Ratio die Königin einer Entscheidungsfindung. Wir Menschen haben uns über die gesamte Erde ausbreiten können und sind so zahlreich wie sonst keine Spezies dieser Größenordnung. Diesen genetischen Erfolg haben wir in erster Linie den Naturwissenschaften zu verdanken. Mathematik, Physik, Chemie und Biologie und die daraus abgeleitete Technik haben uns gesünder und langlebiger werden lassen und das Leben für die meisten von uns ist deutlich leichter geworden.

Unsere naturwissenschaftlichen Erkenntnisse sind eine besonders wertvolle Klasse von Softgenen. Denn sie liefern uns verlässliche Hinweise über den Kosmos, in dem wir leben und ermöglichen uns, uns optimal an die Umwelt anzupassen oder sie zu unseren Gunsten zu manipulieren. Bei den Naturwissenschaften geht es um die Fakten, die bei Beobachtungen und Experimenten gesammelt werden. Es geht um den Zusammenhang zwischen diesen Fakten und die Formalisierung der Zusammenhänge in mathematisch gefasste Gesetze, bezogen auf eine äußere Welt. Unser Gehirn ist dafür ausgelegt, Kausalitäten nicht nur nachzuvollziehen, sondern sie auch in mathematische Formen zu fassen, und sie logisch als „wahr" zu klassifizieren. Unser Geist ist fähig zum logischen Denken, weil die inhärente Logik unserer physischen Umwelt diese Anpassung erzwingt. Wer die Fähigkeit zum logischen Denken mitbringt, ist in einer Umwelt, die physikalischen Gesetzen gehorcht, klar im Vorteil: Nur ein solches Wesen kann selbst den Weltraum erobern – und sich gegen Gefahren aus dem Weltraum, z.B. gegen Asteroideneinschläge, schützen – etwas, was die Dinosaurier nicht vermochten.

Überall auf der Welt studieren die Menschen dieselben Naturwissenschaften. Sie werden kulturübergreifend und über alle nationalen Grenzen hinweg als wahr anerkannt, weil sie zuverlässig unsere Erwartungen erfüllen. Ihre Vorhersagen treffen mit hoher Präzision ein. Wir können auf der Grundlage der uns bekannten physikalischen Gesetze und unseres technischen know hows eine Mondrakete bauen und sie wird mit verblüffender Genauigkeit ihr Ziel erreichen.

Die Umwelt rational zu analysieren, sie wissenschaftlich zu untersuchen, schafft zwar nicht unbedingt absolut wahres Wissen. Aber wissenschaftlich erforschte Zusammenhänge sind für uns die sicherste Option wider den Widrigkeiten der Welt. Sie sind reproduzierbar und damit verlässlich extrapolierbar. Wissenschaft versetzt uns in die Lage, unsere Handlungen besser zu planen und damit den Zufällen des Lebens etwas entgegen zu setzen. Das gelingt umso besser, je mehr wir lernen, wissenschaftlich zu denken und danach zu handeln.

Da Softgene „vererbt" werden, benötigen wir eine entsprechende Bildungspolitik, denn das Beste, was wir unseren Kindern mitgeben könnten, ist ein naturwissenschaftlich basiertes Weltbild. Die Naturwissenschaften über Bildungsanstrengungen als zentralen Bestandteil jeder menschlichen Zivilisation zu implementieren, wäre echter evolutionärer Fortschritt, denn diese Softgene schaffen nicht nur Wohlstand, sondern auch Frieden.

Wir benötigen nicht lähmende Furcht vor der Zukunft, sondern Optimismus und technischen Fortschritt. Leider sind „naturwissenschaftliche Fakten" weit weniger rational vermittelbar, als wir glauben. Objektive Informationen sind zwar das erste und beste Mittel gegen Ignoranz und Fehlinformationen, aber das genügt oft nicht (Gelitz 2021 (1)). Wir müssen lernen, dass wir die auf wissenschaftlich anerkannten Fakten und den Naturwissenschaften basierenden „Wahrheiten" als die besseren Softgene nicht nur rational, sondern auch emotional attraktiv vermitteln. Erst dann werden wir religiöse Mythen, Verschwörungstheorien und Fake News erfolgreich die Stirn bieten können. Die Naturwissenschaften liefern hierfür mehr als genug Geschichten, wir müssen sie nur gut erzählen.

Eine der besten Geschichten aus der Wissenschaft ist sicherlich die Raumfahrt, die nebenbei bemerkt als weiteres hervorragendes Beispiel für evolutionären kulturellen Fortschritt angeführt werden kann: Basierend auf einer langen Kette von Erfindungen, die aufeinander aufbauen, erschließt sich mit der Raumfahrt für den Menschen eine neue, beinah unbeschränkt große ökologische Nische, in die bisher wohl noch kein anderes Lebewesen vorgedrungen ist. Die ISS, die Internationale Raumstation ist ein Ort, wo Menschen über alle kulturellen Unterschiede hinweg kooperativ miteinander umgehen. Sie ist nicht nur ein Symbol für den wissenschaftlichen Fortschritt, sondern vor allem ein Symbol für den Weg in eine friedlichere Welt. Astronauten verschiedenster Herkunft schildern ihre Erfahrungen jedenfalls recht ähnlich, wenn sie von ihrem Blick von der ISS auf die Erde erzählen. Es überkommt sie eine *allumfassende Empfindung einer gemeinsamen kollektiven Erfahrung, ein Mensch zu sein.* (Boeing 2019). Da oben gäbe es „die Anderen" nicht mehr, wenn man im 90-Minuten-Takt über menschliche Städte fliegt, die sich aus dieser Perspektive mehr ähneln als unterscheiden, sei es in Afrika, Australien oder Indonesien. Der japanische Astronaut Soichi Noguchi formulierte es so: *Wir sind Bürger des Weltalls.* (Boeing 2019).

Warum braucht es eine Softgen-Theorie?

Die Antwort lässt sich in einem Satz zusammenfassen: Wir benötigen eine Softgen-Theorie, weil sie eine Brücke von den Naturwissenschaften hin zu den Geisteswissenschaften schlägt. Wie ausgeführt, ist jede logische oder wissenschaftliche Folgerung nur so gut, wie ihre Voraussetzungen sind, auf die sie aufbaut. Die Naturwissenschaften verfügen über ein konsistentes und überaus verlässliches Theoriengebäude über die Natur. Im Gegensatz dazu unterliegt die menschliche Kultur scheinbar keinem Regelwerk. Daher entziehen sich menschliche Entscheidungen in einem Kulturraum der Vorhersage. Aber stimmt das wirklich?
Heute sehen wir in den Wissenschaften sich zwei grundlegende Welterklärungskonzepte gegenüberstehen: Das eine basiert auf Evidenz und Logik und der Erforschung unserer Umwelt, dass andere auf der Annahme, dass Kultur und das Wesen des Menschen frei verhandelbar seien.

Die Trennung von Natur- und Geisteswissenschaften kündigt sich spätestens mit dem Kirchenlehrer Thomas von Aquin im 13. Jahrhundert an. Er etabliert die Trennung zwischen Mensch und Natur als christliches Dogma in der abendländischen Kultur. Als Unterscheidungsmerkmal gilt ihm die Seele, die dem Menschen, nicht aber dem Tiere eigen sei und ihn zur Krönung der göttlichen Schöpfung mache. Als Nietzsche Gott für tot erklärt, verabschiedet sich die Philosophie weitgehend von einer Seele, aber der menschliche Geist gilt weithin anstelle der Seele als Unterscheidungsmerkmal zum als niedriger angesiedelten Tier. Insbesondere mit einem freien Willen begabt, sei der Mensch nicht als natürliches Phänomen anzusehen, das sich empirisch-wissenschaftlich untersuchen und kausalanalytisch beschreiben lässt, sondern er sei als Mensch mit eigener Substanz im philosophischen Sinne begabt.

Glaubt man Randall Collins, einem US-amerikanischen Soziologen, der immerhin von 2010 bis 2011 Präsident der American Sociological Association ist, so verwerfen die amerikanischen Intellektuellen die Evolutionstheorie heute größtenteils, u.a. wegen *der traditionellen Gegnerschaft zwischen interpretatorischer und positivistischen Herangehensweisen, das heißt, zwischen Geistes- und Naturwissenschaften.* (Collins 2011, S. 45).

Auch wenn wir den Geisteswissenschaftlern zu Gute halten können, dass sie das Wohl der Menschheit im Augen haben, dass sie um das Gute streiten, oder es ihnen einfach um die Wahrheit geht: Das Schisma von Natur- und Geisteswissenschaften ist nicht nur wissenschaftlich brisant, sondern hat auch erhebliche Konsequenzen für das politische Handeln: Edward Wilson spricht von der Hälfte der Gesetzesvorlagen, die im amerikanischen Kongresses verhandelt werden, die einen Bezug zu naturwissenschaftlichen haben. Und wenn es heute um den Klimawandel geht, geht es auch dabei zu allererst um naturwissenschaftlich basierte Fakten. Aber dort wie auch hier in Europa sind Eliten ganz überwiegend geisteswissenschaftlich ausgebildet. Ein kranker Mann würde sich aufs heftigste wehren, wenn ihn statt eines medizinisch ausgebildeten Arztes ein promovierter Literaturwissenschaftler heilen wollte. Der kranke Planet Erde kann sich nicht dagegen wehren, dass Menschen an ihm rumkurieren, die kaum Ahnung von seinem physischen Wesen haben. Kolumnisten, Medienmacher und die Stars der Denkfabriken sind meistens geisteswissenschaftlich geschult und haben eine eher abwehrende Grundhaltung den Naturwissenschaften gegenüber und, wenn überhaupt, nur sehr rudimentäre Kenntnis von diesen Wissenschaften. *Naturforschung gehört normalerweise nicht zur Allgemeinbildung.* (Bojanowski 2014). Wir blamieren uns mit Wissenslücken über Maler, Dichter oder Komponisten auf jeder Party. Aber es wird eher mit zustimmendem Schmunzeln kommentiert, wenn wir zugeben, keine Ahnung vom Urknall zu haben oder wir das Alter des Planetensystems, zu dem unsere Erde gehört, nicht kennen. Den Vorbehalt von Philosophen gegenüber den Naturwissenschaften belegt z.B. Thomas Nagel in seinem Buch "Geist und Kosmos". Dort schreibt er mit amerikanischen Blick auf die Aufklärung des 18. Jahrhunderts über den Siegeszug des naturwissenschaftlichen Weltbildes: Er sei nur ein bedingter Akt der Befreiung. Er *habe dem Menschen erlaubt, sich von den Dogmen der Religion zu lösen – und sich dann zu einem ebenso dogmatischen System entwickelt, wie das die autoritären Religionen des Mittelalters und der Antike waren.* (Hammelehle 2014). Der deutscher Philosoph Markus Gabriel hält Thomas Nagel für einen der wichtigsten Philosophen unserer Zeit. Unter dem Trommelfeuer solcher geisteswissenschaftlich geschulten Gelehrten vergrößert sich die Distanz zwischen den

185

Naturwissenschaften und dem Bürger, statt zu schrumpfen. Damit verschlechtert sich zwangsläufig das Urteilsvermögen der Bürger zu gesellschaftlich wichtigen Forschungsthemen wie Gentechnik, Klimawandel oder Stammzellforschung: *Die breite Öffentlichkeit bleibt im Hinblick auf wissenschafts- und technologiepolitische Fragen tendenziell uninformiert.* (Bojanowski 2014). Die Zuspitzung im journalistischen Gewerbe, wo es vornehmlich um Aufmerksamkeit Erregendes, weniger aber um Korrektheit geht, untergräbt das wichtigste Gut der Wissenschaft: Glaubwürdigkeit. *Die Glaubwürdigkeit schwindet, wenn Menschen Sachverhalte laufend falsch dargestellt wiederfinden. Und die populistische Angstbefeuerung gefährdet die freiheitlich-demokratische Grundordnung.* (Krake 2016). Schon der große Philosoph Karl Popper meinte in diesem Sinne: *Ich bin der Überzeugung, dass wir – die Intellektuellen – fast an allem Elend schuld sind, weil wir zu wenig für die intellektuelle Redlichkeit kämpfen.* (Popper 1971). Und leider scheint er im Zeitalter von Donald Trump und dessen Kampf gegen die Universitäten mit seiner Vermutung recht zu behalten: *Am Ende wird deshalb wohl der sturste Anti-Intellektualismus den Sieg davontragen.*

Anna Margaretha Horatschek, bis zum Jahr 2018 Lehrstuhlinhaberin für englische Literatur an der Universität Kiel formuliert in einem Beitrag zum Wissenschaftsjahr 2007: *Die heutigen Geisteswissenschaften liefern keine Sinnentwürfe und formulieren kein Zukunftsziel.* (Horatschek 2007, S. 241). Wenn aber die Geisteswissenschaften nicht die Themen besetzen, die zur Entwicklung eines rationalen Weltbildes beitragen, das als Grundlage die Menschenrechte, Frieden und Wohlstand für alle aufweist und zukunftsfähig ist, fördern sie ungewollt das Gegenteil: Den Rückzug der Vernunft aus der menschlichen Gesellschaft. Mit der Entzauberung des

Mystischen ist klar geworden, dass wir selbst es sind, die das Schicksal in den Händen halten. Sich dem Traum von Wissenschaft und Fortschritt zu verweigern, ebnet den Weg in den politischen Populismus, und stößt das Höllentor zum religiösen Fundamentalismus weit auf.

Marx und Engels stellen fest: Die Naturwissenschaften hätten *eine enorme Tätigkeit entwickelt und sich ein stets wachsendes Material angeeignet. Die Philosophie ist ihnen indessen ebenso fremd geblieben, wie sie der Philosophie fremd blieben.* (MEW 40, 543). Und das gilt beileibe nicht nur für die Philosophie. Wenn wir den Fortschritte der Sozialwissenschaften mit z.B. denen der Mediziner vergleichen, sehen wir einen überaus dynamischen Fortschritt in der Heilkunst und nur sehr mäßige Fortschritte in den Sozialwissenschaften. Edward Wilson führt das auf den Grad der Vernetzung zurück: Während die Medizin eine globale Wissensgemeinde mit regem Austausch ist, die sich mit Virologen, Epidemiologen, Neurobiologen oder Molekulargenetikern bestens verständigen können, und zu deren Grundverständnis die Chemie genauso gehört wie die Biologie, ist der Vernetzungsgrad in den Humanwissenschaften eher gering und des Öfteren von bitteren ideologischen Streitigkeiten überschattet. Selbst untereinander sind *Anthropologen, Ökonomen, Soziologen und Politwissenschaftler in aller Regel nicht imstande, einander zu verstehen oder gar zu ermutigen.* (Wilson 2000, S. 244). – Mit einer Softgen-Theorie als Grundlage könnte sich das ändern.

Epilog

Der Kampf über die Deutungshoheit von dem, was wir als wahr und richtig auffassen, ist seit Xi Jinping, Putin und Trump in eine neue Phase eingetreten – keine Generation vor uns wurde so massiv mit Fake News überschwemmt, einfach schon aus dem Grund, weil es die Fake News Verstärker wie die Sozialen Medien einfach noch nicht gab.

Und wäre das nicht schon genug, tritt mit dem Erscheinen der Künstlichen Intelligenz ein zusätzlicher Akteur auf die Weltbühne, der in der Lage ist, jede Form von Medien – Text – Bild - Video/Film zu fälschen. Damit wird endgültig existenziell, uns Gedanken darüber zu machen, welchen Informationen wir trauen können.

Das Problem der „falschen Wahrheiten" an sich ist allerdings schon uralt. So hat noch jede Religion für sich in Anspruch genommen, im alleinigen Besitz der Wahrheit zu sein. Ein Anspruch, den sie nie einlösen konnten, schon deshalb, weil sich die verschiedenen Religionen gegenseitig widersprechen. Auch die Lösung des Problems ist schon älter: Aufklärung und wissenschaftliches Denken!

In Zeiten, wo jede Form von Fake News so überaus bedrohlich zunimmt, wird es umso dringender, dass die Wissenschaften die Meinungsführung gewinnen und verteidigen. Aber um den Wettstreit über die Deutung des Weltgeschehens zu erringen, müssen sie in sich widerspruchsfrei und geeint auftreten! Das verlangt eine strikte Zusammenarbeit von Natur- und Geisteswissenschaften!

Seit Darwins Erkenntnisse über die Evolution müsste uns allen klar geworden sein, dass wir in einer Entwicklungsreihe mit unseren Ahnen aus dem

Tierreich stehen. Wir sind als Teil der Natur in das weltumspannende Geflecht der Biosphäre eingebunden und Kultur stellt nicht etwa eine Trennlinie zur Biologie dar, sondern ist ihre logische Fortführung. Sie unterliegt, ähnlich wie unsere körperlichen Merkmale und Verhaltensweisen der Evolution. Wir können keine validen kulturwissenschaftlichen Schlüsse ziehen, ohne die dahinter liegende Macht der Evolution zu berücksichtigen.

Der deutsche Philosoph und Max-Planck-Forschungspreisträger Wolfgang Welsch schreibt 2003 im Nachwort zu seinem erstmals 1990 erschienenen Werk „Ästhetisches Denken": *Wenn es hingegen gelingt – oder geboten ist -, den Menschen grundlegend als weltverbundenes Wesen aufzufassen, dann verändert sich alles. Dann steht der Mensch nicht zuerst autonom der Welt gegenüber, sondern ist längst durch sie geprägt. Und dann ist unsere Erfahrung eine der Weisen, in denen die Welt zum Bewusstsein kommt. Den Menschen so zu sehen, ist auf dem heutigen Stand durch unser Wissen um die Evolution geboten. Es nötigt zu einer radikalen Revision der gewohnten Anthropologie und Epistemologie.* (Welsch 2003. S. 226).

Seitdem hat sich in diese Richtung vieles bewegt. *„Die kulturelle Evolution ist ein lebendiger, interdisziplinärer und zunehmend produktiverer wissenschaftlicher Rahmen, der eine naturalistische und quantitative Erklärung der Kultur sowohl bei menschlichen als auch bei nichtmenschlichen Arten bieten soll"* (Richerson et al. 2010). Heute schaffen Gentechnik und Hirnforschung naturwissenschaftliche Grundlagen, auf die kulturwissenschaftliche Fragen aufbauen können: In der Neurophilosophie werden die Beziehung zwischen Gehirnprozessen und mentalen Phänomenen erforscht. Hierbei werden sowohl Erkenntnisse aus der Neurowissenschaft als auch aus der Philosophie genutzt, um beispielsweise Fragen zur

189

Willensfreiheit oder zum Bewusstsein zu untersuchen. In der Psychologie werden biologische Grundlagen des Verhaltens mit sozialen und kulturellen Faktoren kombiniert, um menschliches Verhalten zu untersuchen. Die Sprachwissenschaft kombiniert Erkenntnisse aus der Linguistik mit neurobiologischen Erkenntnissen, um die Sprachentwicklung und Sprachverarbeitung zu untersuchen.

Nicht zuletzt ist die Klima- und Zukunftsforschung heute interdisziplinär – Um den Klimawandel zu bewältigen benötigen wir neue Technologien, was in das Fachgebiet der Ingenieure fällt. Politiker müssen den Umbau der Wirtschaft politisch forcieren, Juristen müssen mithelfen, internationale Verträge zu verhandeln, denn das Problem ist nur global zu lösen. Wirtschaftswissenschaftler müssen Wege aufzeigen, wie der Umbau der Wirtschaft zu finanzieren ist, die Liste ist viel länger und nicht zuletzt müssen die Soziologen uns den Weg weisen, wie wir den Weg in diese Zukunft menschlich gestalten können. Der Graben zwischen Natur- und Geisteswissenschaften schließt sich also allmählich, aber eine Idee, was Natur und Kultur im Innersten zusammenhält, fehlt bisher – das vorliegende Buch schließt diese Lücke.

Literatur

Internet-Ressourcen

anthrowiki (2023): anthrowiki.at/Gottkaiser.

biologie-seite (2023) biologie-seite.de/Biologie/Genom.

dewiki (2023): dewiki.de/Lexikon/Pastoralismus.

edumedia-sciences.com/de/media/461-abakus-suanpan.

scinexx.de/news/biowissen/fische-mit-zahlensinn/.

Statistisches Bundesamt (Destatis) (2020): Fachserie 10 Reihe 4.1.

wikipedia 01: (2023): de.wikipedia.org/wiki/Kultur#Wortherkunft.

wikipedia 02: Zahlen von 2015, Wikipedia.de.

wikipedia 03: (2023): wikipedia.org/wiki/Sender-Empf%C3%A4nger-Modell.

wikipedia 04 (2023): wikipedia.org/wiki/Elektrosmog.

wikipedia 05 (2023): wikipedia.org/wiki/Universalgrammatik.

wikipedia 06 (2013): wikipedia.org/wiki/Kaspar_Hauser.

wikipedia 07: (2023): wikipedia.org/wiki/Cuius_regio,_eius_religio.

wikipedia 08: (2023): wikipedia.org/wiki/Putzerlippfische.

wikipedia 09: (2024): wikipedia.org/wiki/Baldwin-Effekt.

Acerbi, A. & Mesoudi, A. (2015): If we are all cultural Darwinians what's the fuss about? Clarifying recent disagreements in the field of cultural evolution. - ncbi.nlm.nih.gov/pmc/articles/PMC4461798/.

Bahnsen U. (2012): Der Schaltplan des Menschen. – Die Zeit Nr. 37, S. 40.

Bahnsen, U. & Schnabel, U. (2012): Was ist das Ich? – Zeit.de, 08.04.2012.

Baier, T. (2018): Mathematik im Tierreich Bienen haben ein Gespür für Zahlen. – Sueddeutsche.de, 12.06.2018.

Barsbai, T. et al (2021): Local convergence of behavior across species. – Science Vol. 371, Issue 6526, pp. 292-295.

Becker, M. (2012): Der Wolf offenbart die Natur des Menschen.- Spiegel.de, 21.09.2012.

Becker, P.-R. (2021): Wie Tiere hämmern, bohren, streichen.

Bergamin, F. (2017): Wie Singvögel singen lernen. news.uzh.ch/de/articles/2017/Singvoegel.html, 01.11.2017.

Blackmore, S. (2000): Die Macht der Meme oder die Evolution von Kultur und Geist. Heidelberg, Berlin.

Blawat, K. (2019): Zoologie: Schimpansen mit Kultur. – Suedddeutsche.de, 27.02.2019.

Blume M. (2020/2): Verschwörungsmythen.

Blume, M. (2020/1): Verschwörungsfragen 28: Hannah und der Beginn der jüdischen Mystik. – Scilogs.Spektrum.de, 04.09.2020.

Boeing, N. (2019): Astronauten: Macht Raumfahrt links? – Zeit.de, 28.03.2019.

Bojanowski, A. (2014): Wissenschaft in den Medien: Dafür sind Sie zu blöd. – Spiegel.de, 18.06.2014.

Bosch. A. (2010): Konsum und Exklusion: Eine Kultursoziologie der Dinge.

Bregman, R. (2020): Im Grunde gut. – Eine neue Geschichte der Menschheit.

Buskes, C. (2008): Evolutionär denken – Darwins Einfluss auf unser Weltbild.

Christakis, N. (2019): Blueprint. – Wie unsere Gene das gesellschaftliche Zusammenleben prägen.

Cialdini, R.B. (2001): Die Kunst, Menschen zu beeinflussen. – Spekt. d. Wiss. S. 56-61.

Collins, R. (2011): Dynamik der Gewalt . – Eine mikrosoziologische Theorie.

Conti, F. (2000): Wie erkenne ich Griechische Kunst?

Curry, A. (2016): Neolithische Revolution: Die Milch-Revolution. – Spektrum.de, 12.08.2013.

Darwin, C. (1871; 2010): Die Abstammung des Menschen. – BoD.

Dawkins, R. (2001): „Das egoistische Gen. – 3. Auflage der überarbeiteten und erweiterten Neuausgabe 1994, rororo science (Originalausgabe: (1976): The Selfish Gen.

Dawkins, R. (2008): Warum gibt es Menschen? – In: Triebkraft Evolution, Spektrum Sachbuch, Zeit Wissen Edition S. 119-134.

Dawkins, R. (2018; Nachdruck von 2010): Der erweiterte Phänotyp Der lange Arm der Gene.

De Duve, C. (2008): Aus Staub geboren – Die Geschichte des Lebens auf der Erde. – In: Triebkraft Evolution, Spektrum Sachbuch, Zeit Wissen Edition S. 53-75.

De Waal, F. (2015, 1): Der Mensch, der Bonobo und die zehn Gebote.

De Waal, F. (2015, 2): Evolution der Moral: Die Wurzeln der Fairness. Spektrum.de, 06.08.2015.

Dönges , H.J. (2013): Wie der Mensch zu seinem einzigartigen Wurftalent kam . – Spektrum.de vom 26.06.2013.

Dönges, H.J. (2012): Erbgut-Spielerei – Forscher schreiben ein ganzes Buch in DNA. – spektrum.de vom 17.08.2012.

Dorren, G. (2021): In 20 Sprachen um die Welt. – Die größten Sprachen und was sie besonders macht.

Eibl-Eibesfeldt, I. (1997, 3. Aufl.): Die Biologie des menschlichen Verhaltens.

Elmer C. (2013):Epigenetik: Mäuse vererben schlechte Erinnerungen. –Spiegel.de 02.12.2013.

Ewe, T. (2009): Das hungrige Hirn. – www.bild-der-wissenschaft.de/bdw/bdwlive/heftarchiv/index2.php?object_id=31913899.

Fetchenhauer, D. & Bierhoff, H.-W. (2004): Altruismus aus evolutionstheoretischer Perspektive. – Zeitschrift für Sozialpsychologie, 35 (3), 2004, 131–141.

Fischer, L. (2020): Milch-Gen verbreitete sich rasend schnell. – Spektrum.de, 04.09.2020.

Foppa, K. (2011): Jenseits von Darwin.

Gelitz, C. (2020): Corona-Maßnahmen: Wer hält sich an die Regeln? – Spektrum.de, 07.07.2020.

Gelitz, C. (2021/1): Ignoranz: Warum manche Menschen die Fakten leugnen. – Spektrum.de, 01.03.2021.

Gelitz, C. (2021/2): Menschen und ihre tierischen Nachbarn verhalten sich ähnlich. – Spektrum.de, 15.01.2021.

Gendron, F. (2023): Neolithisierung: Zukunftsmodell Bauer. – Spektrum.de, 20.03.2013.

Gibbon, E. (2006): Verfall und Untergang des Römischen Reiches (Erstmals auf Deutsch: 1837).

Godman, P. (2001): Die geheime Inquisition – Aus dem verbotenen Archiven des Vatikans.

Gor, J. (2013): Verhaltensforschung: Buckelwale tauschen Jagdstrategien aus. Spektrum.de, 25.04.2013.

Hammelehle, S. (2014): Tiertötungen im Kopenhagener Zoo: Der Mensch als König der Löwen. – Spiegel online, 26.03.2014.

Hassenstein , B. (2001, 5. Aufl.): Verhaltensbiologie des Kindes.

Heinrich, B. & Bugnyar, T. (2007): Intelligenztest für Kolkraben. – Spektrum. D. Wiss. 7/07, S. 24- 31.

Herrmann, S. (2017): Psychologie Atheisten wird weniger Moral zugetraut. – Sueddeutsche.de, 08.08.2017.

Horatschek, A.-M. (2007): Die Kartographie der Kultur aus blendender Nähe. – In: Rüther, R. & Gauger, J.-D.

(2007): Warum die Geisteswissenschaften Zukunft haben! – Hrsg.: Konrad-Adenauer-Stiftung e. V.

Hrdy, S.B. (2000): Mutter Natur. Die weibliche Seite der Evolution. Berlin.

Hrdy, S.B. (2010): Mütter und Andere. Berlin.

Hume, D. (1869; erstmals 1748 auf Englisch): David Hume: Eine Untersuchung in Betreff des menschlichen Verstandes. Berlin 1869, S. 74-89.

IfD Allensbach (2023): Allensbacher Kurzbericht / März 2023. ifd-allensbach.de/fileadmin/kurzberichte_dokumentatio nen/PRD_2023_02_Kurzbericht_Homoeopathie.pdf .

Jablonski, N.G. & Chaplin, G. (2010): Human Skin Pigmentation as an Adaptation to UV Radiation. - ncbi.nlm.nih.gov/books/NBK210015/.

Joffe, J. (2020): Das Ende eines "endlosen Krieges" und die Lehren der Geschichte. – Zeit.de, 05.03.20202.

Kaeser, E. (2019): Am Anfang war das Bit. – nzz.ch/wissenschaft/quantentheorie-it-from-bit-ld.1442850.

Kahneman, D. (2011): Schnelles Denken, langsames Denken.

Kästner, N. (2020): Haben Tiere Gefühle? – ethologisch.de/haben-tiere-gefuehle/ 21.03.2020.

Kenneally, C. (2023): Ausgestorbener Vogel: Der Dodo soll von den Toten auferstehen. – Spektrum.de, 01.02.2023.

Klein, M. & Rietschel, E.-T. (2007): Schnittstellen zwischen Geistes- und Naturwissenschaften. bpb.de/shop/zeitschriften/apuz/30124/schnittstellen-zwischen-geistes-und-naturwissenschaften/

Krake, K. (2016): Das Gerücht von der Verschwulung der Kinder in der Schule. – uebermedien.de/5902/, 24.06.2016.

Krause, J. (2021): Die Reise der Gene.

Krauß, V. (2021): Das älteste Glücksspiel.

Lingenhöhl, D. (2022): Wühlmäuse halten aktiv Luftraum frei. – Spektrum.de, 14.03.2022.

Lloyd, S. & Ng, Y. J. (2005): Ist das Universum ein Computer? In: Spektrum d. Wiss. Jan 2005, S. 32-41.

Lobo, S. (2021): mRNA-Technologie Die neue Weltmacht der Bio-Plattformen. – Spiegel.de, 27.01.2021.

Losos, J.B. (2018): Glücksfall Mensch. – Ist Evolution vorhersagbar.

Lovelock, J. (1991): Das Gaia-Prinzip: die Biographie unseres Planeten.

Manzel, P.-P. (2002): Von Gott und der Welt – Das Evangelium der Naturwissenschaften.

Mascheck, H.-J. (1986): Die Information als physikalische Größe. – vorgetragen am 20.1.1986 als Diskussionsbeitrag zum Philosophie-Zirkel unter der Leitung von Prof. Dr. phil. habil. Siegfried Wollgast. – wollgast.pdf.

Merlot, J. (2015): Waldrappe teilen sich die Führungsarbeit. – Spiegel.de, 03.02.2015.

Mew (Marx, K. & Engels F. 1848): Manifest der Kommunistischen Partei. – Karl Marx – Friedrich Engels Werke Band 4., 6. Auflage 1972, unveränderter Nachdruck der 1. Auflage 1959, Berlin/DDR. S. 459-493.

Meyer, B. (2009): Gene lernen aus Stress. – Pressemitteilung des MPI www.mpg.de/575505/pressemitteilung200911061.

Miles, J. (1998): Gott – eine Biographie.

Moskowitz, C. (2017): Gravitationstheorie: Mit Quantenbits zur Raumzeit. – Spektrum.de, 20.01.2017.

Nakoinz, O. (2009): Einleitung. – In: Dirk Krausse, D. & Nakoinz, O (2009): Kulturraum und Territorialität. – Archäologische Theorien, Methoden und Fallbeispiele – Kolloquium des DFG-Schwerpunktprogramms 1171 Esslingen 17.-18. Januar 2007, S. 11.

Neuweiler, G. (2005): Der Ursprung unseres Verstandes. Spektrum d. Wiss. Heft Jan. 2005, S. 24-31.

Nünning, A. (2009): Bundeszentrale für politische Bildung online: http://www.bpb.de/gesellschaft/bildung/kulturelle-bildung/59917/kulturbegriffe?p=all.

Nurse, P. (2021): Was ist Leben.

Oertli , M. (2020): Zeitdiagnosen: Klassenchat sperren und Gamen strikt verbieten? Eher nicht! Spektrum.de, 25.09.2020.

Pan et al./ arXiv:2403.13793, CC-by 4.0. (2024).

Pfennig, D. (2022): Evolution Jenseits der Gene. – In Spektrum d. Wiss. 10/22, S. 35 – 44.

Pinker, S. (2014): Der Stoff, aus dem das Denken ist.

Podbregar, N. (2019): Unsere Sprache braucht 12,5 Millionen Bits. Scinexx.de, 28.03.2019.

Podbregar, N. (2021): Wie viel Information steckt in Materie? .scinexx.de, 02.11.2021.

Popper, K. R. (1971): Wider die großen Worte. – Ein Plädoyer für intellektuelle Redlichkeit. – Die ZEIT, 24.09.1971.

Richerson, P.J., Boyd, R. & Henrich, J. (2010): Gene–Culture Coevolution in the Age of Genomics. - https://www.ncbi.nlm.nih.gov/books/NBK210012/.

Ridley, M. (1997): Die Biologie der Tugend. – Warum es sich lohnt, gut zu sein. – Berlin.

Röcker, A. (2021): Die Evolution des Menschen geht weiter. – Spektrum.de, 25.02.2021.

Rosling, H. (2019): Factfulness, – Wie wir lernen, die Welt so zu sehen, wie sie ist.

Roth, G. (2008): Persönlichkeit, Entscheidung und Verhalten.

Sachser, N. (2018): Der Mensch im Tier.

Safina, C. (2022): Die Kultur der wilden Tiere.

Sapolsky, R. (2017): Gewalt und Mitgefühl. – Die Biologie des menschlichen Verhaltens.

Sauer, H. (2023): Moral – Die Erfindung von Gut und Böse.

Schlott, K. (2022): Verhaltensbiologie: Kampf um die Tonne. – Spektrum.de, 14.09.2022.

Schweitzer, F. (1997): Selbstorganisation und Information in: Komplexität und Selbstorganisation – „Chaos" in Natur- und Kulturwissenschaften (Hrsg. H. Krapp, Th. Wägenbaur), Wilhelm Fink Verlag, München 1997, S. 99-129.

Shaw, B.D. (1991): Der Bandit. – In: Giardina, A (Hrsg., 1991): Der Mensch der römischen Antike, S. 337 – 381.

Shipman, P. (2021): Zoologie: Der mysteriöse Dingo. – Spektrum.de, 22.10.2021.

Smolin, L. (1999): Warum gibt es die Welt? München.

Springer, M. (2020): Springers Einwürfe: Die gute alte Zukunft. Spektrum.de, 16.03.2020.

Stangl, W. (2023, 2. November). Kaspar-Hauser-Syndrom. Online Lexikon für Psychologie & Pädagogik. https://lexikon.stangl.eu/14571/kaspar-hauser-syndrom.

Stichweh, R. (2006): Die zwei Kulturen? Gegenwärtige Beziehungen von Natur und Humanwissenschaften. – Festvortrag zum dies academicus am 9. November 2006 im Kultur- und Kongresszentrum Luzern.

Strassner, C. (1998): Die Gießener Rohkost-Studie: Ernährungs- und Gesundheitsstatus von Rohköstlern unter besonderer Berücksichtigung von Protein und Energie. Dissertation, Gießen 1998.

Takemura, S. et al. (2013): A visual motion detection circuit suggested by Drosophila connectomics. – Nature 500, S.175–181, 08.08.2013.

Tautz, D. (2021): Evolutionstheorie auf dem Prüfstand. – Spekt. d. Wiss. Nr. 5/21, S. 12-19.

Tomasello, M. (2016): Eine Naturgeschichte der menschlichen Moral.

Walter, C. (2008): Hand und Fuß – Wie die Evolution uns zu Menschen machte.

Warkus, M. (2018): Keine Ausnahmen von der Regel. – Spektrum.de, 18.01.2018.

Weber, C. (2019): Religionsforschung Die Geburt der Götter. – Sueddeutsche.de, 23.03.2019.

Welsch, W. (2003): Ästhetisches Denken. Stuttgart 2003. Erstauflage 1990.

Wickler, W. (1971): Die Biologie der Zehn Gebote. München.

Wiegrefe, K. (2020): Aluhüte gab es schon damals – Interview mit Malte Thießen. – Spiegel 51, 12.12.2020, S. 30-31.

Willems, W. & dpa/boj (2017): Ursprung der Musik Die größten Hits der Steinzeit. – Siegel.de, 08.11.2017.

Wilson, E.O. (2000; 1. Auflage 1998): Die Einheit des Wissens. – Goldmann Taschenbuchausgabe.

Wilson, E.O. (2013): Die soziale Eroberung der Erde.

Wunn, I., Urban, P. & Klein, C (2015): Götter, Gene Genesis. – Die Biologie der Religionsentstehung. Siehe auch: Wunn, I (?): Raum, Territorialität und jenseitige Welten. Auf dem Server der sommer.uni-hannover.de.

Zeilinger A. (undatiert): Why the Quantum? It from Bit? A Participatory Universe?: Three Far-reaching, Visionary Questions from John Archibald Wheeler and How They Inspired a Quantum Experimentalist.

Zielinski, S.L. & Smith, C.L. (2015): Schlaue Hühner. – Spektrum.de, 22.04.2015.

Über den Autor

Peter-Paul Manzel lebt(e) in Bochum, Berlin, Bremen,
auch mal in Mexico D.F., heute in Darmstadt;
studierte Mathematik, Geographie und Kunst;
ist promovierter Polargeograph; Autor; Aikido-Meister;

Gern sehen wir uns auf meiner Webpage:
www.welterklaerer.de*;*

gerne Anmerkungen oder Kommentare an:
kommentar-an@welterklaerer.de